集中式饮用水水源地水质新增监测项目监测技术要点

中国环境监测总站　编著

中国环境出版集团·北京

图书在版编目（CIP）数据

集中式饮用水水源地水质新增监测项目监测技术要点 / 中国环境监测总站编著. -- 北京：中国环境出版集团，2025. 4. -- ISBN 978-7-5111-6224-3

Ⅰ. X832

中国国家版本馆 CIP 数据核字第 2025JX9637 号

责任编辑　曲　婷
封面设计　彭　杉

出版发行　中国环境出版集团
　　　　　（100062　北京市东城区广渠门内大街 16 号）
　　　　　网　　　址：http：//www.cesp.com.cn
　　　　　电子邮箱：bjgl@cesp.com.cn
　　　　　联系电话：010-67112765（编辑管理部）
　　　　　发行热线：010-67125803，010-67113405（传真）
印　　刷　北京中科印刷有限公司
经　　销　各地新华书店
版　　次　2025 年 4 月第 1 版
印　　次　2025 年 4 月第 1 次印刷
开　　本　787×1092　1/16
印　　张　13.5
字　　数　234 千字
定　　价　68.00 元

中国环境出版集团郑重承诺：
中国环境出版集团合作的印刷单位、材料单位均具有中国环境标志产品认证。

编写委员会

前　言

习近平总书记强调，饮水安全是人民生活的一条底线，要确保所有城乡居民喝上清洁安全的水。近年来，随着水源保护攻坚战持续深入推进，我国饮用水水源水环境质量不断改善，人民群众饮水安全保障水平得到有效提升。2023 年，全国地级及以上城市、县级城镇、农村"千吨万人"水源水质达标率分别达到 96.5%、94.8%、84.2%。与此同时，随着经济社会的快速发展和科技的进步，我国对各流域饮用水污染特征、污染指标人群健康效应、检测方法与处理技术等研究逐步深入。2023 年 4 月 1 日起，我国开始实施新版《生活饮用水卫生标准》（GB 5749—2022），该版标准较上一版（2006 版）有较大变化，新增了高氯酸盐、乙草胺和土臭素等项目，加严了部分项目限值，对饮用水水源安全保障提出了更高的要求。此外，全氟化合物等新污染物已成为社会关注的焦点，亟须加强其对饮用水水源安全的影响研究。

经广泛调查，对标《生活饮用水卫生标准》（GB 5749—2022），土臭素、2-甲基异莰醇、乙草胺、灭草松、氯酸盐、亚氯酸盐、溴酸盐、二氯乙酸、三氯乙酸、高氯酸盐、一氯二溴甲烷、二氯一溴甲烷、三卤甲烷 13 项和全氟化合物属于监测难度较大的饮用水水源新增监测项目。本书针对这些新增监测项目的监测技术要点进行了总结和归纳，旨在促进一线监测人员技术水平的提高。

本书对各项目从基本概况、监测方法解读和数据审核三方面进行详细阐述。其中：基本概况主要介绍理化性质和环境危害，帮助读者理解方法原理。监测方法解读以现行标准规范为依据，对已有行业标准规范的项目，详尽描述关键环节操作步骤和注意事项，最大化减少由监测人员操作主观性导致的数据差异；对尚未发布行业标准规范的项目，通过大量实验研究，编制满足实际监测工作需要的技术要求，提升监测数据的代表性、准确性、精密性和可比性。数据审核详细梳理国内外现行标准限值和水环境介质中的含量水平，充分考虑实际工作中可能出现的数据异常情况，编制审核要点，供监测人员借鉴和参考。

　　本书由许秀艳、李文攀、解鑫和赵亮制定编写大纲，统筹全书的编写，全书分为8章。第1章由孙欣阳、任敏、许燕娟、陈正英、王艳和赵亮编写；第2章由王艳丽、吴艳、陈晨、吴小龙、何书海、洪伟和蔡熹编写；第3章由王静、于建钊、邵陆泽、周菁清、孙琴琴、刘丰羽、王炜和王晓雯编写；第4章由刘铮铮、王晓春、陆佳锋、毛雨廷、薛令楠和刘虎鹏编写；第5章由朱瑞瑞、董亚萍、魏凤、谢沙、席雨和秦亚强编写；第6章由王荟、李凤梅、耿良娟、秦超、祁倩倩、洪伟和王明丽编写；第7章由刘彬、许秀艳、郭丽、吴昊、吴冰婵和葛红波编写；第8章由马金波、阮家鑫、柏松、贾文娟、解倩、胡恩宇和许秀艳编写。

　　由于编者的水平和经验有限，书中难免存在疏漏之处，敬请同行专家和广大读者指正。

目　录

第 1 章 土臭素和 2-甲基异莰醇的测定

1 基本概况

1.1 理化性质

土臭素是一种具有樟脑味的挥发性物质，许多微生物在代谢过程中都会产生土臭素。土臭素含有碳、氢、氧 3 种元素，分子式为 $C_{12}H_{22}O$，分子量为 182，沸点为 165.1℃，密度为 0.949 g/cm^3，与酸反应生成无味的中性油，其分子结构式见表 1-1。

2-甲基异莰醇，别名 2-甲基异冰片，为弱极性脂溶性化合物，分子式为 $C_{12}H_{20}O$，分子量为 168，沸点为 196.7℃，密度为 0.968 g/cm^3，其分子结构式见表 1-1。

表 1-1 土臭素和 2-甲基异莰醇的理化性质

名称	分子量	分子式	结构式	嗅觉阈值/（ng/L）	气味
土臭素	182	$C_{12}H_{22}O$		4	樟脑味
2-甲基异莰醇	168	$C_{11}H_{20}O$		10	土腥味

土臭素和 2-甲基异莰醇均为饱和环叔醇类物质，1965 年，Gerber 等从放线菌中分离提纯出了土臭素；1969 年，Medsker 等从放线菌中分离提纯出了 2-甲基异莰醇，两者在室温下呈半挥发性状态，分别产生樟脑味和土腥味。人的嗅觉对其

极为敏感，只要含有微量的这些物质便能感觉到，土臭素的嗅阈值为 4 ng/L，2-甲基异莰醇的嗅阈值为 10 ng/L。

1.2　环境危害

异味是指人的感觉器官（鼻、口、舌等）所感知的异常的或令人讨厌的气味。早在 20 世纪 50 年代，在美国就发现了水体异味，目前，饮用水的异味问题已引起全世界的广泛关注，也是水环境研究的热点问题之一。随着生活水平的不断提高，人们对饮用水质量的要求也越来越高。饮用水的感官品质（色、臭和味）是消费者和供水机构最关心的水质指标。一旦水体存在异味，绝大多数消费者会怀疑水有毒而拒绝饮用。

土臭素和 2-甲基异莰醇是两种最常见的异味物质，常伴随细菌和浮游藻类尤其是放线菌的生长，藻类中特别是蓝藻，包括束丝藻属、假鱼腥藻属、颤藻属、林氏藻属等，是主要产嗅藻，所以在水库、湖泊、河流等水源地中，大部分放线菌和藻类生长代谢会使饮用水带有异味。高浓度的土臭素和 2-甲基异莰醇可能会对水生生物产生毒性效应，影响它们的生长和繁殖。同时，它们可能导致水生植被的过度生长、沉积物的堆积及水中溶解氧降低等问题，进而干扰水生态系统的稳定性。

土臭素和 2-甲基异莰醇均为饱和环叔醇类物质，一般而言，碳链越长，醇类物质的毒性越小，土臭素和 2-甲基异莰醇除具有特定的令人不悦的樟脑味和土腥味外，对人体健康的损害还有待进一步研究。

2　监测方法解读

2.1　参考标准

《生活饮用水标准检验方法　第 8 部分：有机物指标》（GB/T 5750.8—2023）

2.2　分析方法原理

利用固相微萃取纤维吸附样品中的土臭素和 2-甲基异莰醇，顶空富集后用气相色谱-质谱联用仪进行分离和测定。根据待测物的保留时间和特征离子定性，采用内标法定量。土臭素和 2-甲基异莰醇的方法检出限分别为 3.8 ng/L 和 2.2 ng/L。

注[1]：GB/T 5750.8—2023 中给出了土臭素和 2-甲基异莰醇的最低检测质量浓度，经多家实验室调研，《全国集中式饮用水水源水质专项调查作业指导书》（2024—2026 年）中将其确定为方法的检出限。

江苏省苏州环境监测中心采用全自动分析平台，土臭素和 2-甲基异莰醇的方法检出限均为 0.6 ng/L；江苏省无锡环境监测中心采用全自动分析平台，土臭素和 2-甲基异莰醇的方法检出限分别为 0.4 ng/L 和 0.5 ng/L。

2.3　试剂和材料

除非另有说明，分析时均使用符合国家标准的分析纯试剂，实验用水为不含目标化合物的纯水。

2.3.1　氦气：纯度≥99.999%。

2.3.2　甲醇（CH_3OH）：色谱纯。

2.3.3　氯化钠（NaCl）：经 450℃烘烤 2 h 后置于干燥器内备用。

2.3.4　标准物质：土臭素（$C_{12}H_{22}O$）、2-甲基异莰醇（$C_{11}H_{20}O$），纯度≥95%，或使用市售有证标准物质。

2.3.5　标准储备溶液：称取土臭素和 2-甲基异莰醇标准物质各 10.0 mg，分别置于小烧杯中，加甲醇（2.3.2）溶解后转至 100 mL 容量瓶中，用甲醇（2.3.2）定容至刻度线，质量浓度均为 100 mg/L。将标准储备溶液置于聚四氟乙烯封口的螺口瓶或密闭安瓿瓶中，尽量减少瓶内的液上顶空，避光于 0～4℃条件下冷藏保存。

2.3.6　标准中间溶液：分别用甲醇（2.3.2）将标准储备溶液（2.3.5）稀释成质量浓度为 10.0 mg/L 的标准中间溶液。将标准中间溶液置于聚四氟乙烯封口的螺口瓶或密闭安瓿瓶中，避光于 0～4℃条件下冷藏保存，使用前要检查溶液是否挥发。

2.3.7　标准混合使用溶液 1：准确移取 4 μL 标准中间溶液（2.3.6）至 996 μL 甲醇（2.3.2）或纯水中，配制成 40.0 μg/L 的标准混合使用溶液。临用现配。

2.3.8　标准混合使用溶液 2：用甲醇（2.3.2）或纯水将标准中间溶液（2.3.6）逐级稀释成 10.0 μg/L 的标准混合使用溶液。临用现配。

2.3.9　内标物：2-异丁基-3-甲氧基吡嗪（$C_9H_{14}N_2O$），纯度≥95%，或使用市售有证标准物质。

2.3.10　内标储备溶液：称取 2-异丁基-3-甲氧基吡嗪标准物质 10.0 mg，置于小烧杯中，加甲醇（2.3.2）溶解后转至 100 mL 容量瓶中，用甲醇（2.3.2）定容至刻度线，质量浓度为 100 mg/L。将内标储备溶液置于聚四氟乙烯封口的螺口瓶或密闭安瓿瓶中，避光于 0～4℃条件下冷藏保存。

2.3.11 内标中间溶液：用甲醇（2.3.2）将内标储备溶液（2.3.10）逐级稀释成质量浓度为 10.0 mg/L 的内标中间溶液。将内标中间溶液置于聚四氟乙烯封口的螺口瓶或密闭安瓿瓶中，避光于 0～4℃条件下冷藏保存，使用前要检查溶液是否挥发。

2.3.12 内标使用溶液 1：将内标中间溶液（2.3.11）放至室温，用甲醇（2.3.2）或纯水逐级稀释成质量浓度为 40.0 μg/L 的内标使用溶液。临用现配。

2.3.13 内标使用溶液 2：将内标中间溶液（2.3.11）放至室温，用甲醇（2.3.2）或纯水逐级稀释成质量浓度为 10.0 μg/L 的内标使用溶液。临用现配。

2.3.14 水系滤膜：0.45 μm。

注[2]: 土臭素、2-甲基异莰醇和内标物 2-异丁基-3-甲氧基吡嗪也可使用市售有证标准溶液作为标准储备溶液。

2.4 仪器和设备

2.4.1 气相色谱质谱联用仪：气相色谱具有分流/不分流进样口，可程序升温，质谱具有 70 eV 电子轰击离子（EI）源。

注[3]: 使用普通不分流衬管会导致峰型变宽，且易导致萃取纤维涂层脱落，需使用惰性玻璃材质固相微萃取专用衬管，同时注意安装方向，开口端朝上。实验证明，使用固相微萃取专用衬管可有效提高质谱中目标物的响应（图 1-1）。

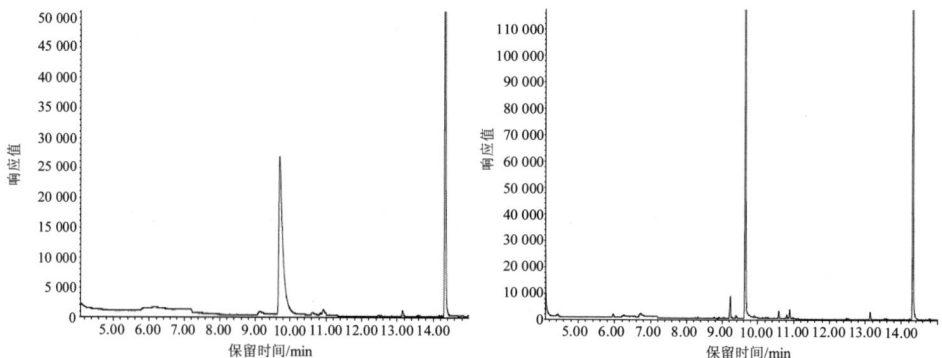

图 1-1 使用普通不分流衬管（左）、固相微萃取专用衬管（右）的总离子流图（ρ =50 ng/L）

2.4.2 毛细管色谱柱：30 m×0.25 mm×0.25 μm，填料为 5%苯基-甲基聚硅氧烷，或其他等效色谱柱。

2.4.3 固相微萃取装置：包括固相微萃取采样台、固相微萃取手柄、进样导管、固相微萃取纤维（采用 DVB/CAR/PDMS 纤维或同级品）。第一次使用萃取纤维前，应先将其置于进样口老化。老化温度为 230～270℃，老化时间为 1 h，或者参考厂商建议的老化温度与老化时间。

注[4]：也可使用其他符合要求的进样平台，如全自动进样平台。

注[5]：经验证，DVB/CAR/PDMS 和 PDMS/DVB 固相微萃取纤维对本方法目标组分均有很好的富集效果。

注[6]：固相微萃取纤维间隔 12 h 未使用时，须先老化 20 min。

注[7]：固相微萃取纤维涂层不耐受有机溶剂及其蒸汽（如正己烷、二氯甲烷等），涂层会被溶剂溶解从而失效。

2.4.4 微量注射器：10 μL、50 μL 和 100 μL。

2.4.5 采样瓶：60 mL 棕色玻璃瓶，具有用聚四氟乙烯薄膜包硅橡胶垫的螺旋盖，使用前在 120℃条件下加热 1 h（如使用的螺旋盖为 PE 材质，则在 100℃条件下加热 1 h）。

2.4.6 磁力搅拌子：搅拌子长 15 mm，内径为 1.5 mm。

2.4.7 一般实验室常用仪器和设备。

2.5 前处理

2.5.1 手工前处理

水样恢复室温后经 0.45 μm 水系滤膜（2.3.14）过滤，取 40 mL 过滤后的水样加入到装有 10.0 g 氯化钠（2.3.3）和磁力搅拌子（2.4.6）的 60 mL 采样瓶（2.4.5）中，加入 10 μL 内标使用溶液 1（2.3.12），旋紧瓶盖后混匀，置于采样台，于 60℃下水浴加热搅拌均匀 15 s 后，将萃取纤维压至采样瓶顶部液上空间进行吸附萃取富集，萃取 30 min 后，取出萃取纤维，擦干吸附针头水分，将萃取纤维插入气相色谱进样口，在 250℃下解吸 5 min。

注[8]：水中若存在假鱼腥藻等能释放土臭素和2-甲基异莰醇的藻类，如不过滤可能导致测定结果偏高，水样须经 0.45 μm 滤膜过滤。

注[9]：加盐可有效提高萃取效率。60℃时，每 100 g 水中氯化钠的溶解度为

37.3 g。故在实验时分别加入 0%、10%、20%、30%、40% 的 NaCl 来验证 NaCl 的加入量对萃取效率的影响。结果表明，随着盐量的增加，萃取效率也从一开始的大幅增加到后面的略有增加（图 1-2）。因此建议加入 30% 的 NaCl。

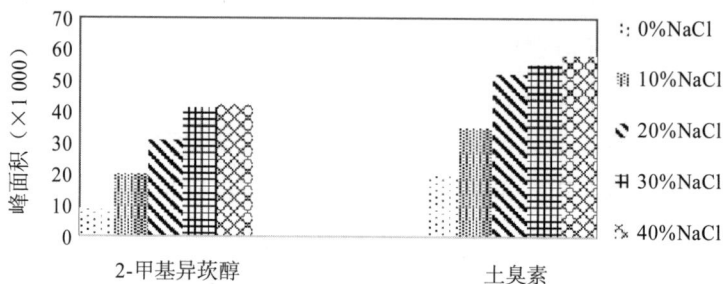

图 1-2　NaCl 的加入量对萃取效率的影响

注[10]：搅拌可有效提高萃取效率。实验结果表明，搅拌可以增加传质速率，加速目标组分在液相内扩散并从液相扩散至气相，使萃取效率得到很大的提高（图 1-3）。

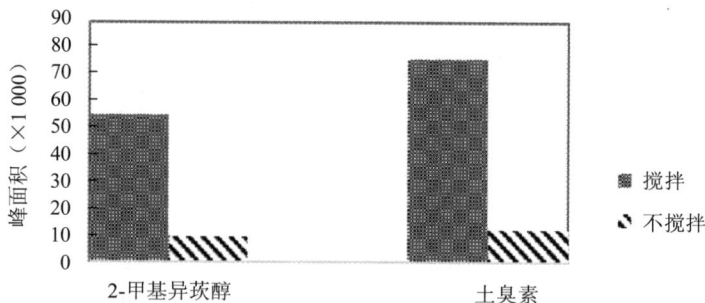

图 1-3　搅拌对萃取效率的影响

注[11]：萃取温度的选择。顶空固相微萃取取决于待测组分在样品相（液相）和顶空部分（气相）之间的分配平衡及其在气相和萃取纤维之间的分配平衡。温度升高有利于液相中的各组分扩散到气相中，被纤维吸附，但温度升高也会导致目标组分在气相和萃取纤维之间的分配系数降低，造成萃取效率下降。采用空白加标样品考察了 40℃、60℃、80℃ 这 3 种萃取温度时的萃取效率。实验结果表明，当温度从 40℃ 升至 60℃ 时，所有组分的响应面积均有不同程度的增加；当升至 80℃ 时，大部分组分的响应面积下降（图 1-4）。因此，选择 60℃ 作为最佳萃取温度。

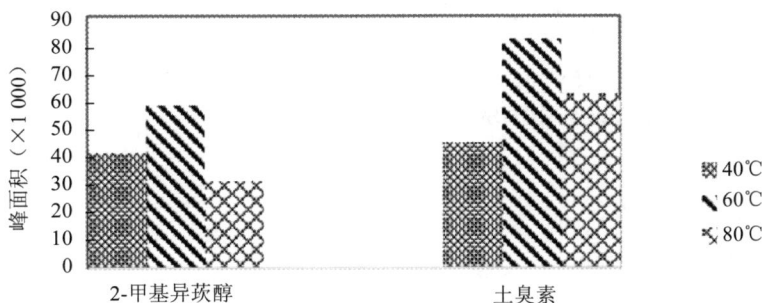

图 1-4　萃取温度对萃取效果的影响

注[12]: 萃取时间的选择。固相微萃取是基于分配平衡的不完全萃取，因此萃取时间对萃取效率有很大影响。分别考察了 10 min、20 min、30 min、40 min 萃取时间纯水加标样品的响应面积。结果表明，各组分到达萃取平衡所需的时间并不一致，但组分在萃取时间为 30 min 时到达平衡（图 1-5）。

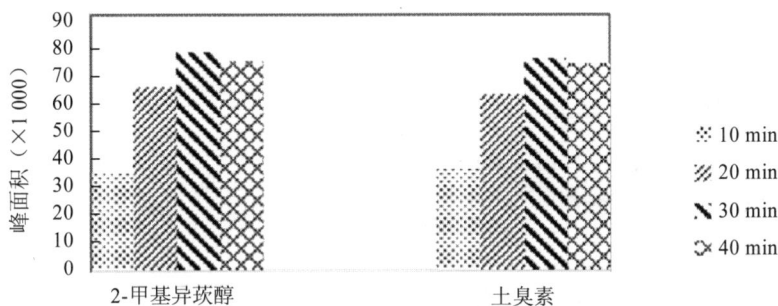

图 1-5　萃取时间对萃取效果的影响

注[13]: 在萃取过程中，萃取纤维应始终位于采样瓶顶部空间，注意勿附着于样品瓶瓶壁。

注[14]: 萃取完成后，取出萃取纤维时，必须擦干针头水分。

注[15]: 要注意对探针的保护。须严格执行操作步骤，在扎针和取针的时候确保探针处于收回状态。

注[16]: 每个样品的操作条件和步骤应尽量保持一致。

2.5.2　全自动进样平台前处理

水样放置至室温后经 0.45 μm 水系滤膜（2.3.14）过滤，取 10 mL 过滤后的水样加入到装有 3.0 g 氯化钠（2.3.3）的顶空瓶中，加入 10 μL 内标使用溶液 2（2.3.13），旋紧瓶盖后混匀，置于全自动进样平台，全自动进样平台参考条件如下：

SPME 纤维：80 μm CAR/PDMS/DVB；

老化温度：250℃；

样品平衡温度：60℃；

样品平衡时间：5 min；

萃取时间：15 min；

解吸时间：5 min；

搅拌速度：250 r/min。

注[17]：可根据仪器配置选择适当的前处理方式。使用全自动进样平台前处理，样品取样体积减小，且通过振摇搅拌器来搅拌样品，可以加快萃取过程，从而提高样品通量，缩短样品的萃取时间。

2.6　分析测试

2.6.1　仪器参考条件

（1）气相色谱参考条件

柱流量（恒流模式）：1.0 mL/min。

进样口温度：250℃。

进样模式：不分流进样。

程序升温：在起始温度 40℃保持 5 min，以 8℃/min 升至 250℃，保持 5 min。

注[18]：可设置以 50 mL/min 的氦气继续吹 5 min，以确保解析的目标物全都进入色谱柱。

注[19]：GB/T 5750.8—2023 中色谱柱初始温度为 60℃。当探针于进样口被加热解析时，载气把解析出来的物质带入柱头，通过低温冷阱效应富集于柱头，而后通过升温程序热脱附进样，故建议色谱柱的初始温度设为 40℃，并保持与解析时间相同的时间，即 40℃条件下保持 5 min。

（2）质谱参考条件

①离子源：电子电离源（EI）；

②离子源温度：230℃；

③离子化能量：70 eV；

④传输线温度：250℃；

⑤溶剂延迟时间：5 min；

⑥数据采集方式：选择离子扫描（SIM）；

⑦目标化合物的定量和定性离子质荷比值基于全扫描标准品获取的质谱图确定，参见表 1-2。

注[20]：选用 Scan 模式定性，SIM 模式定量。

表 1-2　目标物扫描离子参数

化合物名称	定性离子（m/z）	定量离子（m/z）
2-异丁基-3-甲氧基吡嗪	94，124，151	124
2-甲基异莰醇	95，107，135	95
土臭素	112，125	112

2.6.2　校准

（1）仪器性能检查

样品分析前，应按仪器说明书规定的校准化合物及程序进行调谐和检查，如不符合要求，则需核查质谱仪的状态。

（2）校准曲线的建立

分别取适量标准混合使用溶液 1（2.3.7），配制成质量浓度分别为 5 ng/L、10 ng/L、20 ng/L、50 ng/L、100 ng/L 的标准系列，加入内标使用溶液 1（2.3.12）使内标物质量浓度为 10 ng/L，混匀后待测。按照仪器参考条件（2.6.1），由低浓度到高浓度依次进行质谱分析方法（GC-MS）测定。采用最小二乘法建立校准曲线。以校准系列中目标物的质量浓度与内标物质量浓度比值为横坐标，以目标化合物定量离子的响应值与内标化合物定量离子的响应值的比值为纵坐标，绘制校准曲线。

注[21]：如使用自动进样平台，使用标准混合使用溶液 2（2.3.8）和内标使用溶液 2（2.3.13）按全自动进样平台前处理（2.5.2）的标准绘制校准曲线。

（3）校准曲线的绘制

2.6.3　试样的测定

按照与绘制校准曲线相同的仪器参考条件（2.6.1）进行测定。

2.6.4　空白试验

以纯水代替样品，测定实验室空白样品。

2.7　结果的计算与表示

2.7.1　定性分析

根据目标物的保留时间、碎片离子质荷比及其丰度比定性。样品中目标物辅助定性离子相对于定量离子的相对丰度与通过最近校准标准溶液获得的相对丰度的相对偏差应≤30%。目标化合物的总离子流谱图见图1-6。

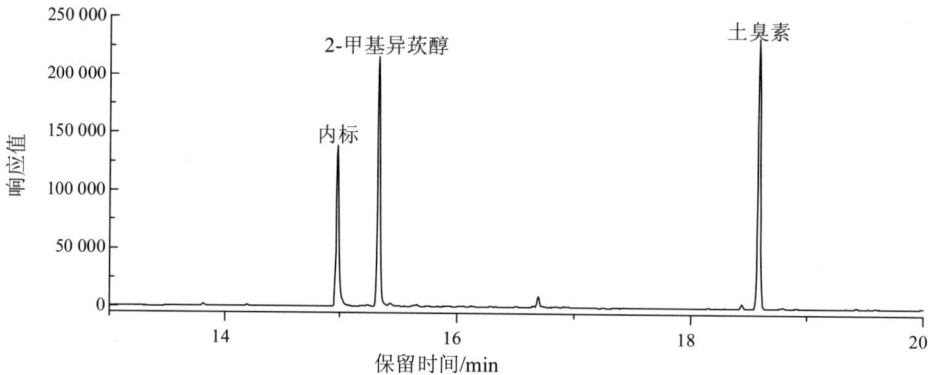

图1-6　土臭素和2-甲基异莰醇的总离子流谱图

2.7.2　结果计算

当样品中目标化合物的定量离子有干扰时，允许使用辅助定性离子定量。样品中目标化合物的浓度 ρ（ng/L）通过相应的校准曲线方程进行计算。

2.7.3　结果表示

测定结果小数点后位数的保留与方法检出限一致，最多保留3位有效数字。

2.8　质量保证和质量控制

2.8.1　空白试验

每20个或每批次样品（少于20个）应至少做一个实验室空白试验，空白试样测定结果应低于方法检出限。否则应查明原因，重新分析直至合格之后才能测定样品。

2.8.2　校准曲线

校准曲线的相关系数应≥0.990，否则应重新绘制校准曲线。

2.8.3　连续校准

每 20 个或每批次样品（少于 20 个）应测定一个校准曲线中间点浓度的标准溶液，测定值与校准曲线该点浓度的相对误差应在±10%以内，否则，应建立新的校准曲线。

2.8.4　精密度控制

每 20 个或每批次样品（少于 20 个）应至少测定 10%的平行双样，当样品数量少于 10 个时，应至少测定一个平行双样，测定结果的相对偏差应≤30%。

2.8.5　正确度控制

每 20 个或每批次样品（少于 20 个）应至少测定一个基体加标样，加标回收率应为 60%～140%。

注[22]：须关注内标物响应值的变化。内标物响应值在每次测定之间的偏离应≤30%，即内标定量离子的响应值应在校准曲线点内标定量离子响应值均值的70%～130%，否则应说明原因。

3　数据审核要点

3.1　管理需求

（1）国际方面

各个国家在异味物质的分类和管理上存在差异（表1-3），韩国政府规定土臭素和2-甲基异莰醇的限值为20 ng/L；日本《生活饮用水水质标准》中规定土臭素和2-甲基异莰醇的限值为10 ng/L；世界卫生组织（WHO）在《饮用水水质标准》中，规定了饮用水中含有的能引起用户不满的物质及其参数（嗅和味），其中2-氯酚和2,4-二氯酚的限值分别为10 μg/L和40 μg/L，还规定了多种有机物的嗅和味健康基准指标值；欧盟发布的《欧盟饮用水指令》对水中异味无限值，只是要求饮用水用户可以接受且无异味；美国并未定义饮用水中的土臭素和2-甲基异莰醇的最大允许浓度值，但是美国国家环境保护局使用嗅阈值（TON）法测定水中异味，并规定TON为3。这些差异主要映射出各国在环境保护、公共卫生以及食品安全等领域的政策导向与实际需求。

注[23]: 嗅阈值（TON）法是以有嗅味的水样经无嗅水稀释至嗅味不被明显感知的临界点时的稀释倍数来表示嗅味的大小。TON 为 3 时表示水样稀释 3 倍以后，检测人员不得闻出嗅味。TON 的计算公式如下。

$$TON=(A+B)/A$$

式中：A——水样体积，mL;

B——无嗅水体积，mL。

表 1-3 国外不同异味物质标准

标准	异味物质	限值
《欧盟饮用水指令》（EU）	嗅	人可以接受且无异味
美国饮用水水质标准（二级饮用水规程）	嗅	TON 3
《饮用水水质标准》（WHO）	2-氯酚（嗅和味）	10 μg/L
	2,4-二氯酚（嗅和味）	40 μg/L
	2,4,6-三氯苯酚（嗅和味健康基准指标值）	200 μg/L
	甲苯（嗅和味健康基准指标值）	700 μg/L
	二甲苯（嗅和味健康基准指标值）	500 μg/L
	乙苯（嗅和味健康基准指标值）	300 μg/L
	苯乙烯（嗅和味健康基准指标值）	20 μg/L
	氯苯（嗅和味健康基准指标值）	300 μg/L
	1,2-二氯苯（嗅和味健康基准指标值）	1 000 μg/L
	1,4-二氯苯（嗅和味健康基准指标值）	300 μg/L
	三氯苯（嗅和味健康基准指标值）	20 μg/L
《自来水水质标准》（日本）	2-甲基异莰醇	10 ng/L
	土臭素	10 ng/L
《生活饮用水水质标准》（日本）	2-甲基异莰醇	10 ng/L
	土臭素	10 ng/L
韩国	2-甲基异莰醇	20 ng/L
	土臭素	20 ng/L

（2）国内方面

我国卫生部于 1956 年颁布了《饮用水质标准》，对 15 项水质指标的限值做出了规定，对生活饮用水的感官标准"嗅和味"进行了定性描述：水体无色透明，在 20℃和 50℃时无异臭、异味。1985 年颁布的《生活饮用水卫生标准》（GB 5749—1985）延续 1956 年版的规定。2006 年实施的《生活饮用水卫生标准》（GB 5749—2006）对"嗅和味"仍然是定性描述：无异臭、无异味，在附录 A 参考性指标中规定土臭素和 2-甲基异莰醇的限值为 10 ng/L，这是从国家层面首次对其提出的管理要求。2023 年 4 月 1 日实施的《生活饮用水卫生标准》（GB 5749—2022）中将土臭素和 2-甲基异莰醇由原来的参考性指标调整为生活饮用水水质扩展指标，两者的限值均为 10 ng/L。

表 1-4　我国不同时期饮用水标准

标准	异味物质	限值
《饮用水水质标准》（草案）	嗅和味	水体无色透明，在 20℃和 50℃时无异臭、异味
《生活饮用水卫生标准》（GB 5749—1985）	嗅和味	不得有异臭、异味
《生活饮用水卫生标准》（GB 5749—2006）	嗅和味	无异臭、无异味
《生活饮用水卫生标准》（GB 5749—2006）参考性指标	2-甲基异莰醇	10 ng/L
	土臭素	10 ng/L
《生活饮用水卫生标准》（GB 5749—2022）	2-甲基异莰醇	10 ng/L
	土臭素	10 ng/L

注[24]：由于《地表水环境质量标准》（GB 3838—2002）和《地下水质量标准》（GB/T 14848—2017）及其征求意见稿中均没有规定水源水中土臭素和 2-甲基异莰醇限值，据了解，部分自来水公司为加强对水源水的管理，采用内部制定预警制度的方式予以关注，如对水源水浓度制定 3 个等级：一级为 10 ng/L，二级为 50 ng/L，三级为 100 ng/L，一旦出现相应浓度值，公司内部逐级上报备案。

3.2 水环境介质中含量水平

土臭素和 2-甲基异莰醇主要存在于湖泊或流动缓慢的河流中，作为异味最典型的物质，它们的出现呈现一定的季节性特点，且浓度水平受水温的影响较大。

以国内某淡水湖的饮用水水源地 2022—2024 年监测数据为例，土臭素的浓度变化范围为 1.0～11.2 ng/L：峰值均出现在 8 月（最高值为 11.2 ng/L）。9 月开始下降，10—11 月回到 1 ng/L；2-甲基异莰醇的浓度变化范围为 1.0～77 ng/L：1—4 月浓度在 2 ng/L 左右波动，7—9 月浓度迅速升高，8 月达到峰值（最高值为 77 ng/L），10 月开始迅速下降，11—12 月回到 1～2 ng/L。具体变化趋势见图 1-7 和图 1-8。

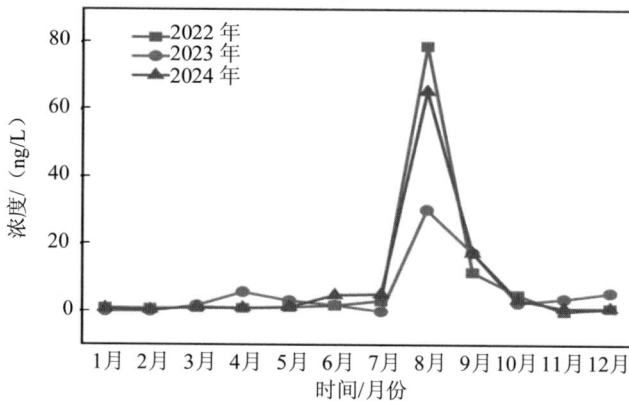

图 1-7 某淡水湖饮用水水源地 2-甲基异莰醇的浓度变化趋势

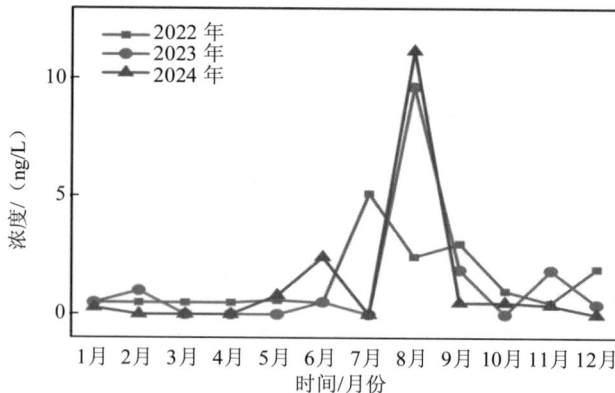

图 1-8 某淡水湖饮用水水源地土臭素的浓度变化趋势

　　不同地区、不同水源的水体中，土臭素和 2-甲基异莰醇的检出浓度存在显著差异，这可能与水源地的环境状况、水处理工艺及监测方法等因素有关。我国部分水体中土臭素和 2-甲基异莰醇的检出情况见表 1-5。

表 1-5　我国部分水体中土臭素和 2-甲基异莰醇的检出情况

环境水体		检出浓度/（ng/L）		数据来源
		土臭素	2-甲基异莰醇	
天津市饮用水水源		ND～150	ND～1000	供水技术，2024，18（3）：1-5
广东省 33 座水库		ND～10	ND～75.72	广东化工，2024，51（22）：117-119
郑州市生活饮用水水源		0.59～19.7	0.15～8.66	河南预防医学杂志，2022，33（7）：499-502
贵州省红枫湖水库		36.4	—	环保科技，2015，21（4）：6-10
太湖贡湖湾		—	2.2～124.3	湖泊科学，2024，36（3）：717-730
包头市画匠营子总水源厂		20～65	9.5～102	给水排水，2008，44（S1）：149-151
青岛市	崂山水库	404	ND	给水排水，2023，59（S1）：523-528
	棘洪滩水库	190	ND	
唐山陡河水库		ND～18	ND～180	给水排水，2023，59（S2）：495-499，507
山东 15 个城市水源		—	100～200	西安建筑科技大学，2004
上海黄浦江		—	50～150	西安建筑科技大学，2004
常州天目湖沙河水库		ND～65	ND～102	中国环境科学，2014，34（4）：896-903
黄浦江原水		0.20～109	—	环境科学学报，2019，39（4）：1134-1139

注：ND 表示未检出。

3.3　数据审核

（1）检测结果与样品状态的关联

　　水体颜色的变化、藻类大量繁殖的迹象均可能与土臭素和 2-甲基异莰醇的产生有关。藻类的存在与土臭素和 2-甲基异莰醇的浓度密切相关，当藻类大量繁殖时，水体中土臭素和 2-甲基异莰醇的浓度可能会显著升高。与此同时，藻类的大量繁殖会影响水体富营养化水平，可能会呈现绿色、黄绿色等异常颜色。因此，在现场采样时，应记录水体的颜色、藻类分布情况与生长状态。数据审核时应结合现场采样记录，确保监测结果与现场情况一致。

此外，土臭素和 2-甲基异莰醇具有明显的土霉味和较低的嗅觉值，可通过对留样进行嗅辨进行辅助判断：若样品气味与土臭素和 2-甲基异莰醇的典型气味一致，可辅助验证监测结果的合理性；若气味不明显，但检测值较高，需进一步排查是否存在干扰物质。

（2）排除样品基质的干扰

图 1-9 给出了 30 天内在过滤和非过滤条件下水样中土臭素和 2-甲基甲基异莰醇的测定结果。研究表明，过滤处理对 2-甲基异莰醇的检测结果具有极为显著的影响，检测结果差异有时甚至可高达 10 倍。数据审核过程中，对于有检出或超标的实际样品，应关注是否按照手工前处理（2.5.1）章节要求进行过滤处理。藻类、放线菌等在水体中广泛存在，会增加水体中土臭素和 2-甲基异莰醇的本底值，使用 0.45 μm 滤膜过滤后的水样才能更准确地反映水中土臭素和 2-甲基异莰醇的浓度。

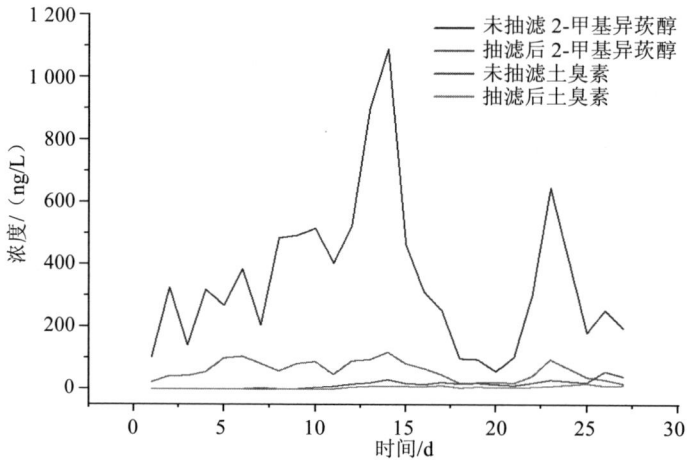

图 1-9   30 d 内在过滤和非过滤条件下水样中土臭素和 2-甲基异莰醇的测定结果

（3）土臭素和 2-甲基异莰醇浓度水平的季节性波动特征

春季和夏季的气温升高、光照增强，为藻类的生长繁殖营造了有利环境，易发生蓝藻水华，与此同时，微生物的代谢活动在该时期更为旺盛，部分细菌能够分解水中的有机物质，分解过程中会产生土臭素和 2-甲基异莰醇等异味物质，此时水中土臭素和 2-甲基异莰醇的含量明显高于其他季节。图 1-10 为 5—10 月某淡水湖土臭素和 2-甲基异莰醇的分布分级。5 月，湖区各部分的浓度水平较低，7—9 月，水温升高加之藻类生长繁殖情况变动、水体流动等多种因素的综合影响，土臭素和 2 -甲基异莰醇的浓度水平明显提高。

图 1-10　5—10 月某淡水湖 2-甲基异莰醇（左）和土臭素（右）的分布分级

（4）土臭素和 2-甲基异莰醇浓度水平的关联性不强

蓝藻门中的颤藻、假鱼腥藻、束丝藻、浮丝藻、鞘丝藻等与水体中土臭素和 2-甲基异莰醇的产生关系密切。通过对密云水库为期 4 年的调查，发现浮丝藻的大量繁殖导致水库中 2-甲基异莰醇水平较高；调查天津于桥水库异味物质的来源及变化趋势结果表明，其土臭素主要产自长孢藻（原名鱼腥藻），2-甲基异莰醇主要产自束丝藻和假鱼腥藻。基于上述调查研究发现产生土臭素和 2-甲基异莰醇的藻种和条件不同，加上不同流域水体的生态环境各有差异，藻类的种类、数量均不同，所以，土臭素和 2-甲基异莰醇浓度水平的关联性不强。

（5）定量时的注意事项

①假阳性的判定

当实际样品检出时，应开展假阳性判断。若目标物的离子丰度比差异较大，可判定其为假阳性。以 2-甲基异莰醇为例，选择某一合适的标准系列浓度点（尽量选择与实际样品浓度相近的点）查看标准谱图和样品定性和定量离子的提取离子流图（图 1-11），由图 1-11 可知，虽然标准谱图和样品中 2-甲基异莰醇的定量离子（95）的保留时间一致，但是假阳性样品定性离子（107、135）在标准样品保留时间内没有响应，定性离子丰度比判定结果异常，可判定图 1-11 右图样品为假阳性。

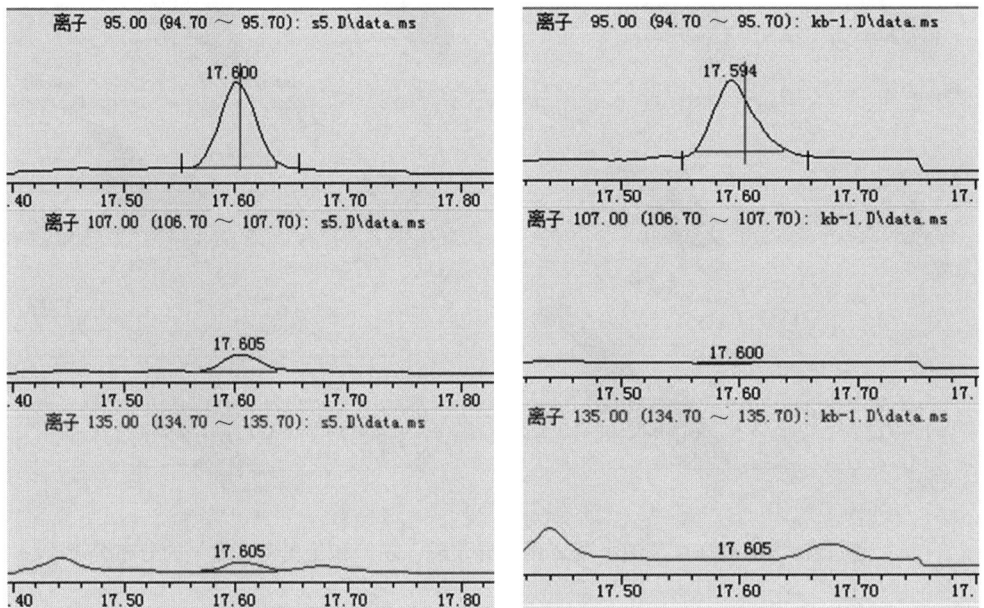

图 1-11　2-甲基异莰醇标准（左）和呈假阳性样品（右）的定性、定量离子的
提取离子流图

②关注内标响应的变化

在固相微萃取过程中，内标响应的变化是一个至关重要的指标。内标响应的变化可以用于校正分析过程中的误差。由于固相微萃取受到多种因素的影响，如萃取头的性能、萃取时间、温度、仪器状态、样品基质等，这些因素可能导致目标分析物的萃取效率发生变化。内标物的响应变化可以帮助我们评估这些变化对分析结果的影响程度。内标响应的变化也是质量控制的关键环节。在一系列的样品分析中，稳定的内标响应表明整个分析过程处于良好的控制状态。如果内标响应出现异常变化，如突然升高或降低，这可能提示分析过程中出现了问题，如萃

取头受到污染、仪器状态发生改变或样品基质的干扰等情况。通过监测内标响应，能够及时发现并解决这些问题，从而保证分析结果的准确性和可靠性。

参考文献

[1] GERBER N N，LECHEVALIER H A. Geosmin，an earthly-smelling substance isolated from actinomycetes[J]. Applied Microbiology，1965，13（6）：935-938.

[2] MEDSKER L L，JENKINS D，THOMAS J F. Odorous compounds in natural waters-An earthy-smelling compound associated with blue-green algae and actinomycetes[J]. Environmental Science & Technology，1968，2（6）：461-464.

[3] 任俊宏，成小英，石亚东，等. 太湖贡湖湾 2-甲基异莰醇（2-MIB）时空变化特征及影响因子[J]. 湖泊科学，2024，36（3）：717-730.

[4] 周史强，丘冬琳，肖利娟. 广东省水库有机类异味物质土臭素和 2-甲基异莰醇空间分布及影响因子研究[J]. 广东化工，2024，51（22）：117-119，122.

[5] 朱慧，许海，詹旭，等. 氮磷增加对水源水库嗅味物质影响的模拟研究子[J]. 环境科学学报，2023，43（8）：165-178.

[6] Su M，Suruzzaman M D，Zhu Y P，et al. Ecological niche and in-situ control of MIB producers in source water[J]. Journal of Environmental Sciences，2021，110：119-128.

[7] 李荣，贾霞珍，胡建坤，等. 天津于桥水库嗅味物质来源及变化原因分析[J]. 天津师范大学学报（自然科学版），2020，40（6）：37-43.

第2章 乙草胺的测定

1 基本概况

1.1 理化性质

乙草胺，又名 2-乙基-6-甲基-N-乙氧基甲基-α-氯代乙酰替苯胺，英文名为 Acetochlor，是一种广泛应用的酰胺类除草剂，原药为淡黄色至紫色液体。

乙草胺的 CAS 号为 34256-82-1，分子式为 $C_{14}H_{20}ClNO_2$，分子量为 269.767 1，沸点为 391.5℃，相对密度为 1.11 g/cm^3（30℃），浅棕色液体，性质稳定，不易挥发和光解，不溶于水，易溶于有机溶剂，其结构式见图 2-1。

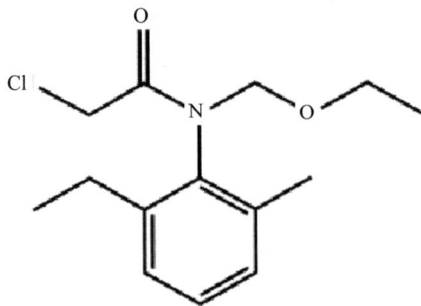

图 2-1 乙草胺结构式

1.2 环境危害

乙草胺是广谱、选择性芽前除草剂，适用于大豆、玉米、花生等作物，可有效防治一年生禾本科杂草和部分阔叶杂草。它通过植物胚芽鞘或下胚轴吸收，在植物体内干扰核酸代谢及蛋白质合成，使杂草死亡。乙草胺持效期约为 45 天，可通过微生物降解，但其水生生物毒性高，禁用于水田，过量使用或遇低温、高湿天气会加重作物的隐性药害，导致作物生长缓慢、叶片发黄、产量下降。

乙草胺对水体、土壤和沉积物均会造成环境污染：

（1）在农田施用后，部分乙草胺可通过土壤渗漏进入地表水和浅层地下水系统，受土壤类型、降水量、地下水位及乙草胺的施用方式和剂量等因素的影响。一旦进入水体，乙草胺的残留时间较长，会对水生生物产生长期影响，不仅威胁饮用水安全，还可通过食物链传递给人类。

（2）乙草胺在土壤中具有较强的吸附能力，被污染的土壤不仅影响土壤质量，还可能影响作物的正常生长和发育。乙草胺的残留物可能通过根系吸收进入作物体内，进而通过食物链传递给人类。此外，乙草胺还会改变土壤微生物群落结构，影响土壤肥力和生态系统功能。

（3）乙草胺在河流、湖泊等水体的底部沉积物中也可能存在。这些沉积物可能在长时间内持续释放乙草胺到水体中，从而加剧水源污染问题。沉积物的释放使得乙草胺在水体中的浓度难以有效降低，进一步增加对水生生物和生态系统的潜在威胁。

乙草胺不仅会对生态系统构成潜在威胁，还会对人类健康构成重大威胁。

（1）乙草胺具有神经毒性，能够影响神经系统的正常功能。长期暴露或摄入乙草胺可能导致神经系统受损，表现为记忆力减退、注意力不集中、头晕、头痛等症状。严重时，甚至可能导致神经系统疾病，如脑病、帕金森病等。

（2）乙草胺可能干扰人体的内分泌系统，影响激素的正常分泌和调节，导致一系列健康问题，还可能增加患糖尿病、甲状腺疾病等内分泌相关疾病的风险。

（3）乙草胺被国际癌症研究机构（IARC）列为可能致癌物质。长期暴露于乙草胺环境中的人群，其患癌风险可能显著增加，如皮肤癌、肺癌、肝癌等多种类型的癌症。

（4）乙草胺在体内代谢后，其代谢产物可能对肝脏和肾脏造成损害。长期摄入乙草胺可能导致肝功能衰竭、肾功能衰竭等严重的健康问题。

（5）乙草胺还可能引起过敏反应、皮肤刺激、眼睛损伤等健康问题。对于孕妇和儿童等敏感人群，乙草胺的潜在威胁可能更为严重。

2　监测方法解读——气相色谱-质谱法

2.1　参考标准

《生活饮用水标准检验方法　第 9 部分：农药指标》（GB/T 5750.9—2023）

2.2　分析方法原理

采用液液萃取法或固相萃取法萃取水样中的乙草胺，萃取液经脱水、浓缩、净化、定容后，用气相色谱分离，再进行质谱检测。根据保留时间、碎片离子质荷比及其丰度比定性，使用外标法定量。

注[1]：若有条件，建议使用内标法定量，选择乙草胺-d_{11} 作为内标物。

当取样量为 500 mL 时，液液萃取法方法检出限为 0.3 μg/L，方法测定下限为 1.2 μg/L；固相萃取法方法检出限为 0.02 μg/L，方法测定下限为 0.08 μg/L。

注[2]：GB/T 5750.9—2023 中给出了固相萃取法测定乙草胺的最低检测质量浓度，经多家实验室调研，《全国集中式饮用水水源水质专项调查作业指导书》（2024—2026 年）中给出了液液萃取法和固相萃取法方法的检出限。

2.3　试剂和材料

除非另有说明，分析时均使用符合国家标准的分析纯化学试剂，实验用水为新制备的不含目标物的纯水。

2.3.1　二氯甲烷（CH_2Cl_2）：色谱纯。

2.3.2　乙酸乙酯（$C_4H_8O_2$）：色谱纯。

2.3.3　甲醇（CH_3OH）：色谱纯。

2.3.4　氯化钠（NaCl）：使用前在 450℃条件下灼烧 4 h，置于干燥器中冷却至室温后，密封保存于干净的试剂瓶中。

2.3.5　无水硫酸钠（Na_2SO_4）：使用前在 450℃条件下加热 4 h，置于干燥器中冷却至室温，密封保存于干净的试剂瓶中。

2.3.6　乙草胺标准溶液：ρ =1 000 μg/mL（参考浓度），溶剂为甲醇。可直接购买有证标准溶液，也可用有证标准品制备。4℃以下密封、避光保存，或参考生产商推荐的保存条件。

2.3.7　乙草胺标准使用液：ρ =1.0 μg/mL（参考浓度），取 5.0 μL 乙草胺标准溶液于 5 mL 容量瓶中，用甲醇稀释定容后混匀，配制成标准使用液，质量浓度为 1.0 μg/mL。在 4℃以下密封、避光保存，保存期为 3 个月。

　　注[3]：若使用内标法，内标标准溶液（乙草胺-d_{11}）：ρ =100 mg/L。市售有证标准溶液。

2.3.8　水系滤膜：0.45 μm。

2.3.9　有机系滤膜：0.45 μm。

2.3.10　固相萃取柱：反相 C_{18} 固相萃取柱，规格为 500 mg/6 mL 或更大容量，或相当性能的固相萃取柱或与固相萃取装置配套的反相 C_{18} 膜。

2.3.11　氦气：纯度≥99.999%。

2.3.12　氮气：纯度≥99.99%。

2.4　仪器和设备

2.4.1　采样瓶：1 L，具塞磨口棕色玻璃瓶或棕色螺口玻璃瓶。

2.4.2　气相色谱-质谱联用仪：EI 电离源，可以分流/不分流进样。

2.4.3　色谱柱：石英毛细管柱，30 m×0.25 mm×0.25 μm，固定相为 5%二苯基/95%二甲基聚硅氧烷，或其他等效色谱柱。

2.4.4　分液漏斗：具聚四氟乙烯旋塞，玻璃材质，1 000 mL。

2.4.5　固相萃取装置：能处理大体积样品的手动或自动固相萃取装置。

2.4.6　浓缩装置：可控温氮吹仪或其他性能相当的设备。

2.4.7　微量注射器：10 μL、50 μL、100 μL 和 500 μL。

2.4.8　一般实验室常用仪器和设备。

2.5　前处理

　　冷藏保存的水样取出恢复至室温后，再进行前处理。

2.5.1　液液萃取法

　　准确量取 500 mL 水样于 1 L 分液漏斗，加入 10 g 氯化钠（2.3.4），完全溶解后加入 20 mL 二氯甲烷（2.3.1），摇动萃取 5 min，静置分层后，将下层二氯甲烷萃取液流经装有无水硫酸钠的玻璃漏斗，收集过滤后的萃取液至收集器中，再加入 20 mL 二氯甲烷，振摇提取 5 min，静置分层后，将下层二氯甲烷萃取液流经装有无水硫酸钠玻璃漏斗后，与第一次萃取液合并。使用浓缩设备浓缩并用二氯甲烷定容至 1.0 mL，待测。

注[4]：若采用内标法定量，浓缩至近 1 mL，加入内标，用二氯甲烷定容至 1.0 mL。

注[5]：二氯甲烷萃取时注意及时放气，在通风橱中操作。

注[6]：若萃取时乳化严重，可通过盐析、机械手段或冷冻等方法破乳。

①盐析破乳：比较常用的破乳方法，一般使用氯化钠作为盐类破乳剂，氯化钠的添加量通常在 0.5%～10%，根据实际乳化的程度添加不同量的氯化钠，建议通过小试确定氯化钠的最佳用量。

②机械手段破乳：搅拌、离心、用玻璃棉过滤。适用于乳化不太严重的情况，使用玻璃棉过滤通过小团玻璃棉塞住分液漏斗下端，慢慢放流，乳化会分开。

③冷冻破乳：将全部乳化有机相转入烧杯，置于–18℃环境冷冻 4 h 以上，取出后常温解冻。

注[7]：浓缩时控制好浓缩仪器的温度，若使用氮吹仪，应控制好氮气的流量；若使用平行浓缩仪或旋转蒸发仪时，应控制好真空度和转速，避免浓缩速度过快，乙草胺回收率降低。

建议浓缩仪器的温度为 35～40℃；氮吹仪流量控制要求氮气气流在溶剂表面产生波纹即可；真空度在 150～200 bar[①]，转速设置在 120～150 r/min。

2.5.2　固相萃取法

（1）活化

依次用 5 mL 二氯甲烷、5 mL 乙酸乙酯，以大约 3 mL/min 的流速缓慢过固相萃取柱；再依次用 10 mL 甲醇、10 mL 纯水过柱活化。

注[8]：经过二氯甲烷和乙酸乙酯活化后，尽量让溶剂流干，但要保持固相萃取柱填料上方的液面处于湿润，立即加入甲醇。

注[9]：经活化后的固相萃取柱，应保证固相萃取柱填料上方的液面处于湿润和活化状态，备用。

（2）上样

准确量取 500 mL 水样，以约 15 mL/min 的流速经过活化后的固相萃取柱，

---

① 1 bar=100 kPa。

抽干固相萃取柱或用氮气吹干固相萃取柱。

注[10]：若水样较为浑浊，则水样中的颗粒物质会堵塞固相萃取柱降低萃取速率，可先使用 0.45 μm 水系滤膜过滤水样。

注[11]：水样萃取前，加入适量（5%～10%）甲醇，有助于改善目标化合物在固相萃取柱上的溶解性和保留行为。

（3）洗脱

将 3 mL 乙酸乙酯加入固相萃取柱，稍作静置，以大约 3 mL/min 的流速缓慢收集洗脱液，至浓缩管中。

（4）浓缩

将洗脱液经过干燥，再用少量乙酸乙酯洗涤浓缩管 2～3 次，将洗涤液一并干燥脱水，使用浓缩装置将洗脱液浓缩至 1.0 mL，待测。

注[12]：若洗脱浓缩后的试样浑浊，则使用 0.45 μm 有机系滤膜过滤。

注[13]：若采用内标法定量，浓缩至近 1 mL，加入内标，用乙酸乙酯定容至 1.0 mL。

2.5.3 空白试样制备

以实验用水代替样品，按照与试样制备方法（2.5.1 或 2.5.2）相同的步骤进行实验室空白试样制备。

2.6 分析测试

2.6.1 仪器参考条件

（1）气相色谱参考条件

进样口温度：280℃；程序升温：初始温度 85℃，以 20℃/min 升温至 165℃，保持 2 min，再以 5℃/min 升温至 220℃，最后以 50℃/min 升温至 280℃；柱流量：1.0 mL/min；不分流进样；进样量：1.0 μL。

（2）质谱参考条件

四极杆温度：150℃；离子源温度：230℃；传输线温度：280℃；扫描模式：全扫描（Scan）（扫描范围：50～350 u）和选择离子扫描（SIM）（SCAN 定性，SIM 定量），定量离子（m/z）为 146，定性离子（m/z）为 162、174。

注[14]：上述仪器条件可根据目标物分离情况和实际情况进行调整。

注[15]：全扫描模式用于确定保留时间，避免实验中引入其他具有相同定性离子有机物的干扰。

注[16]：若采用内标法定量，乙草胺-d_{11}的定量离子（m/z）为173，定性离子（m/z）为157、233。

2.6.2 校准曲线的建立

配制成浓度分别为 10 μg/L、50 μg/L、100 μg/L、200 μg/L、400 μg/L 和 600 μg/L 的标准系列，按照仪器参考条件进行分析，得到标准系列目标物的保留时间、目标离子和辅助离子的峰面积。以目标化合物浓度为横坐标，以目标化合物定量离子的响应值峰面积为纵坐标，绘制校准曲线。

若采用内标法定量，建议使用平均相对响应因子法进行校准曲线绘制。

注[17]：上述校正曲线的标准系列浓度为参考浓度。

注[18]：采用固相萃取法时，标准曲线使用乙酸乙酯定容。

注[19]：采用液液萃取法时，建议曲线范围为 100 μg/L、500 μg/L、1 000 μg/L、2 000 μg/L 和 2 500 μg/L，标准曲线使用二氯甲烷定容。

2.6.3 试样的测定

取前处理后的待测试样，按照与绘制标准曲线相同的仪器分析条件进行测定。

注[20]：若样品中待测物质浓度高于标准曲线最高浓度点，可适量减少取样量或对水样进行稀释后重新测定。

2.6.4 空白试样的测定

按照与试样的测定（2.6.3）相同步骤测定实验室空白试样（2.5.3）。

2.7 结果的计算与表示

2.7.1 定性分析

样品中目标化合物的相对保留时间与标准系列中该化合物的平均相对保留时间的差值应在±2.5%。

样品中目标化合物的辅助定性离子和定量离子峰面积比（Q 样品）与标准曲线目标化合物的辅助定性离子和定量离子峰面积比（Q 标准）相对偏差控制在±30%以内。

乙草胺及内标物乙草胺-d_{11}定量离子色谱图见图 2-2。

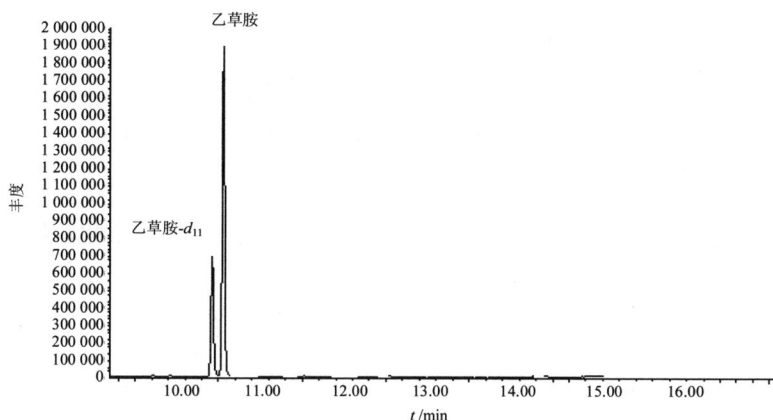

图 2-2　乙草胺及内标物乙草胺-d_{11} 的标准色谱图

2.7.2　结果计算

样品中目标物的质量浓度 ρ（μg/L）按式（2-1）计算。

$$\rho = \frac{\rho_i \times V}{V_s} \times f \qquad (2\text{-}1)$$

式中：ρ——样品中乙草胺的浓度，μg/L；

ρ_i——根据校准曲线查得乙草胺的浓度，μg/L；

V——试样定容体积，mL；

V_s——水样取样体积，mL；

f——稀释倍数。

注[21]：若采用内标法，建议使用平均相对响应因子法的计算，计算方法参见本章 3.7.2（1），目标物和内标物浓度单位为μg/L。

2.7.3　结果表示

测定结果小数点后位数的保留与方法检出限一致，最多保留 3 位有效数字。

2.8　质量保证和质量控制

2.8.1　空白试验

每 20 个或每批次样品（少于 20 个）应至少分析一个空白样品，空白样品（包括全程序空白和实验室空白）中乙草胺的测定结果应低于方法检出限。

2.8.2　校准曲线

校准曲线至少需 5 个浓度系列，校准曲线的相关系数≥0.995。

注[22]: 使用内标法配制校准曲线，平均相对响应因子的相对标准偏差≤15%。

注[23]: 校准曲线最低点浓度应接近方法测定下限在校准曲线上对应的水平。

2.8.3　连续校准

每 20 个或每批次样品（少于 20 个）应分析一次校准曲线中间浓度点，测定结果与校准曲线相应点浓度的相对误差不超过±20%。

2.8.4　精密度控制

每 20 个或每批次样品（少于 20 个）应至少测定 10%的平行双样，样品数量少于 20 个时，应至少测定一个平行双样。

当测定结果大于等于方法测定下限时，平行样测定结果的相对偏差应在 20%以内，当测定结果小于方法测定下限时，不做计算相对偏差的要求。

2.8.5　正确度控制

每 20 个或每批次样品（少于 20 个）应分析一个基体加标样品，加标回收率应在 70%～130%。

注[24]: 加标量一般为样品浓度的 0.5～3 倍，且加标后的总浓度不应超过分析方法的测定上限。

注[25]: 样品中待测物浓度在方法检出限附近时，加标量应控制在校准曲线的低浓度范围内，建议液液萃取水样加标浓度 0.5 µg/L 左右，固相萃取水样加标浓度 0.05 µg/L 左右。

3　监测方法解读——液相色谱-三重四极杆质谱法

3.1　参考标准

《水质　乙草胺的测定　液相色谱-三重四极杆质谱法》

3.2　分析方法原理

样品经过滤后直接进样，或液液萃取法富集或固相萃取法富集，用液相色谱-三重四极杆质谱分离检测乙草胺。根据保留时间和特征离子定性，内标法定量。

直接进样法：进样体积为 20 μL 时，乙草胺方法检出限为 24 ng/L，测定下限为 96 ng/L。

当取样量为 200 mL，定容体积为 2.0 mL，进样体积为 20 μL 时，液液萃取法和固相萃取法的方法检出限均为 0.4 ng/L，方法测定下限为 1.6 ng/L。

3.3 试剂和材料

除非另有说明，分析时均使用符合国家标准的分析纯化学试剂，实验用水为新制备的不含目标物的纯水。

3.3.1 乙酸乙酯（$C_4H_8O_2$）：色谱纯。

3.3.2 二氯甲烷（CH_2Cl_2）：色谱纯。

3.3.3 甲醇（CH_3OH）：色谱纯。

3.3.4 正己烷（C_6H_{14}）：色谱纯。

3.3.5 甲酸（HCOOH）：色谱纯。

3.3.6 乙酸乙酯-二氯甲烷混合溶剂：乙酸乙酯（3.3.1）和二氯甲烷（3.3.2）按 1∶19 体积比混合。

3.3.7 氯化钠（NaCl）：使用前在 450℃ 条件下灼烧 4 h，置于干燥器中冷却至室温，密封保存于干净的试剂瓶中。

3.3.8 无水硫酸钠（Na_2SO_4）：使用前在 450℃ 条件下加热 4 h，置于干燥器中冷却至室温，密封保存于干净的试剂瓶中。

3.3.9 甲酸铵（$HCOONH_4$）：色谱纯。

3.3.10 甲酸-甲酸铵溶液（流动相 A）。称取 0.031 5 g 甲酸铵（3.3.9）溶于少量水中，加入 250 μL 甲酸（3.3.5），加水定容至 500 mL，混匀。

3.3.11 乙草胺标准溶液：ρ =100 μg/mL（参考浓度），溶剂为甲醇。

可直接购买有证标准溶液，也可用有证标准品制备；4℃ 以下密封、避光保存，或参考生产商推荐的保存条件。

3.3.12 乙草胺标准使用液：ρ =0.1 μg/mL（参考浓度）。

取 5.0 μL 乙草胺标准溶液（3.3.11）于 5 mL 容量瓶中，用甲醇（3.3.3）稀释定容后混匀，配制成乙草胺标准使用液，质量浓度为 0.1 μg/mL；在 4℃ 以下密封、避光保存，保存期为 3 个月。

3.3.13 乙草胺-d_{11}（内标）贮备溶液：ρ =100 μg/mL（参考浓度），溶剂为甲醇。

可直接购买有证标准溶液，也可用有证标准品制备。4℃以下密封、避光保存，或参考生产商推荐的保存条件。

3.3.14　乙草胺-d_{11}（内标）使用液：ρ =0.1 μg/mL（参考浓度）。

取 5.0 μL 乙草胺-d_{11} 标准溶液（3.3.13）于 5 mL 容量瓶中，用甲醇（3.3.3）稀释定容后混匀，配制乙草胺-d_{11}（内标）贮备使用液，质量浓度为 0.1 μg/mL。在 4℃以下密封、避光保存，保存期为 3 个月。

3.3.15　异丙甲草胺-d_6（替代物）贮备溶液：ρ =100 μg/mL（参考浓度），溶剂为甲醇。

可直接购买有证标准溶液，也可用有证标准品制备；4℃以下密封、避光保存，或参考生产商推荐的保存条件。

3.3.16　异丙甲草胺-d_6（替代物）使用液：ρ =0.1 μg/mL（参考浓度）。

取 5.0 μL 乙草胺-d_{11} 标准溶液（3.3.13）于 5 mL 容量瓶中，用甲醇（3.3.3）稀释定容后混匀，配制成标准使用液，质量浓度为 0.1 μg/mL；在 4℃以下密封、避光保存。

3.3.17　水系滤膜：0.22 μm 聚四氟乙烯或其他等效材质。

3.3.18　有机系滤膜：0.22 μm 聚四氟乙烯或其他等效材质。

3.3.19　固相萃取柱：反相 C_{18} 固相萃取柱，规格为 500 mg/6 mL 或更大容量，或相当性能的固相萃取柱或与固相萃取装置配套的反相 C_{18} 膜。

3.3.20　氮气：纯度≥99.99%。

3.4　仪器和设备

3.4.1　采样瓶：1 L，具塞磨口棕色玻璃瓶或棕色螺口玻璃瓶。

3.4.2　液相色谱-三重四极杆质谱仪：配有电喷雾离子化源（ESI），具备流动相梯度洗脱和多反应监测功能。

3.4.3　色谱柱：填料径为 1.7 μm，柱长为 50 mm，内径为 2.1 mm 的 C_{18} 反相液相色谱柱或其他性能相近的色谱柱。

3.4.4　分液漏斗：具聚四氟乙烯旋塞，玻璃材质，500 mL。

3.4.5　固相萃取装置：能处理大体积样品的手动或自动固相萃取装置。

3.4.6　浓缩装置：可控温氮吹仪或其他性能相当的设备。

3.4.7　微量注射器：10 μL、50 μL、100 μL、500 μL 和 1 000 μL。

3.4.8　2.0 mL 带聚四氟乙烯衬垫的螺旋盖玻璃瓶。

3.4.9　一般实验室常用仪器和设备。

3.5　前处理

冷藏保存的水样取出恢复至室温后，再进行前处理。

3.5.1　直接进样法

样品经 0.22 μm 水系滤膜（3.3.17）过滤后，准确移取 1.0 mL 样品，加入 10 μL 内标使用液（3.3.14），混匀待测。

3.5.2　液液萃取法

准确量取 200 mL 水样于 500 mL 分液漏斗（3.4.4），加入 5 g 氯化钠（3.3.7），待完全溶解后加入 15 mL 乙酸乙酯-二氯甲烷混合溶剂（3.3.6），振摇至少 5 min，静置分层后，将萃取液流经装有无水硫酸钠的玻璃漏斗，收集过滤后的萃取液至浓缩瓶中，再加入 15 mL 乙酸乙酯-二氯甲烷混合溶剂（3.3.6），重复上述操作，将两次萃取液合并。使用浓缩装置（3.4.6）对萃取液进行浓缩，浓缩至 0.5 mL 以下，加入 2 mL 甲醇（3.3.3），进行二次浓缩，重复 2 次。将浓缩后的萃取液用甲醇（3.3.3）定容至 1.0 mL，再用实验用水定容至 2.0 mL。混匀后经滤膜（3.3.17）过滤后，取 1.0 mL 滤液于棕色进样瓶中，加入 10 μL 乙草胺-d_{11}（内标）使用液（3.3.14），混匀待测。

注[26]：放气、破乳和浓缩同注[4]、注[5]、注[6]。

注[27]：在样品分析时，若预处理过程中溶剂转换不完全（有残存二氯甲烷），会出现保留时间漂移、峰变宽或双峰的现象。

3.5.3　固相萃取

（1）活化

依次用 10 mL 正己烷（3.3.4）、10 mL 二氯甲烷（3.3.2）、10 mL 甲醇（3.3.3）、10 mL 实验用水，以 3～5 mL/min 的流速缓慢过柱，在活化过程中应确保小柱中填料表面不露出液面。

（2）上样

准确量取 200 mL 水样，以小于 10 mL/min 的流速通过固相萃取柱（3.3.19）。

使用 10 mL 实验用水淋洗固相萃取柱，弃去淋洗液之后使用氮气吹干固相萃取柱（20 min）。

（3）洗脱及浓缩

将 10 mL 二氯甲烷（3.3.2）加入固相萃取柱中，以大约 1 mL/min 进行洗脱，使用浓缩装置（3.4.6）对洗脱液进行浓缩，浓缩至 0.5 mL 以下，再加入 2 mL 甲醇（3.3.3），进行二次浓缩，重复 2 次，将浓缩后的洗脱液用甲醇（3.3.3）、准确定容至 1.0 mL，再用实验用水定容至 2.0 mL。经水系滤膜（3.3.17）过滤后，取 1.0 mL 滤液于棕色样品瓶中，加入 10 μL 乙草胺-d_{11}（内标）使用液（3.3.14），混匀待测。

注[28]: 水样过滤，萃取前加入甲醇和浓缩同注[6]、注[7]、注[8]。

注[29]: 若水样浓度大，可适当减少取样体积或浓缩体积。

3.5.4 空白试样的制备

以实验用水代替样品，按照与试样的制备（3.5.1、3.5.2 或 3.5.3）相同步骤进行实验室空白试样的制备。

3.6 分析测试

3.6.1 仪器参考条件

（1）液相色谱参考条件

流动相 A：甲酸-甲酸铵溶液（3.3.10），流动相 B：乙腈，梯度洗脱程序见表 2-1；流速：0.35 mL/min；柱温：40℃；进样体积：20 μL。

表 2-1 梯度洗脱程序

时间/min	流动相 A/%	流动相 B/%
0	85	15
0.5	85	15
3.5	15	85
6.0	15	85
6.1	85	15
8.0	85	15

（2）质谱参考条件

离子源：电喷雾离子源（ESI），正离子模式。离子源电压：4 500 V；离子源温度：600℃；喷雾气压力（GS$_1$）：60 psi；加热辅助气压力（GS$_2$）：60 psi；气帘气压力：30 psi；监测方式：多反应监测（MRM）；具体条件见表 2-2。

表 2-2 目标物化合物的多反应监测条件

目标物	母离子（m/z）	子离子（m/z）	锥孔电压/V	碰撞能量/V	定量内标
乙草胺	270.2	148.2*	36	15	乙草胺-d$_{11}$
		133.1		45	
乙草胺-d$_{11}$	281.2	159.2*	20	28	—
		235.1		16	

注：*为定量离子对。

注[30]：上述监测仪器条件可根据目标物分离情况和实际情况进行调整。

3.6.2 校准曲线的建立

移取适量的乙草胺标准使用液（3.3.12），逐级稀释，配制至少 5 个浓度点的标准系列，标准溶液质量浓度分别为 100 ng/L、200 ng/L、400 ng/L、800 ng/L、1 000 ng/L 和 2 000 ng/L（参考浓度），移取 1.0 mL 配制好的标准系列溶液于棕色进样瓶（3.4.9）中，加入 5.0 μL 内标使用液（3.3.14），混匀后待测。

按照仪器参考条件（3.6.1），由低浓度到高浓度依次对标准系列溶液进行测定。以标准系列溶液中目标化合物的质量浓度（ng/L）为横坐标，以其对应的峰面积（或峰高）与内标物峰面积（或峰高）的比值和内标物浓度的乘积为纵坐标，建立校准曲线。

注[31]：上述校准曲线的标准系列浓度为参考浓度，可根据样品浓度或仪器响应适当调整浓度范围。

注[32]：为保证定量统一，校准曲线稀释时所使用的溶剂应与制备的试样溶剂一致。

3.6.3 试样的测定

取前处理后的待测试样，按照与绘制标准曲线相同的仪器分析条件进行测定。

注[33]：若样品中待测物质浓度高于校准曲线最高浓度点，需适量减少取样量重新进行前处理和分析测定。

3.6.4 空白试样的测定

按照与试样的测定（3.6.3）相同步骤测定实验室空白试样。

3.7　结果的计算与表示

3.7.1　定性分析

每个目标化合物选择 1 个母离子和 2 个离子进行定性分析。在相同的实验条件下，试样中目标化合物的保留时间与标准系列中该化合物的保留时间比较，相对偏差的绝对值应小于 2.5%；样品谱图中各目标化合物定性离子的相对离子丰度（K_{sam}）与浓度接近的标准溶液中对应的定性离子/定量离子相对丰度（K_{std}）进行比较，偏差不超过表 2-3 规定的范围，则可判定样品中存在对应的目标化合物。定性离子的相对离子丰度分别按照式（2-2）、式（2-3）计算。

$$K_{sam} = \frac{A_2}{A_1} \times 100\% \tag{2-2}$$

式中：K_{sam} ——样品中某组分定性离子/定量离子的相对丰度，%；

A_2 ——样品中某组分定性离子的峰面积（或峰高）；

A_1 ——样品中某组分定量离子的峰面积（或峰高）。

$$K_{std} = \frac{A_{std2}}{A_{std1}} \times 100\% \tag{2-3}$$

式中：K_{std} ——标准溶液中某组分定性离子/定量离子的相对丰度，%；

A_{std2} ——标准溶液中某组分定性离子的峰面积（或峰高）；

A_{std1} ——标准溶液中某组分定量离子的峰面积（或峰高）。

表 2-3　相对离子丰度的最大允许偏差

标准样品中某组分定性离子的相对离子丰度（K_{std}）	$K_{std} > 50$	$20 < K_{std} \leqslant 50$	$10 < K_{std} \leqslant 20$	$K_{std} \leqslant 10$
样品中某组分定性离子的相对离子丰度（K_{sam}）允许的最大偏差	±20	±25	±30	±50

乙草胺总离子色谱图见图 2-3。

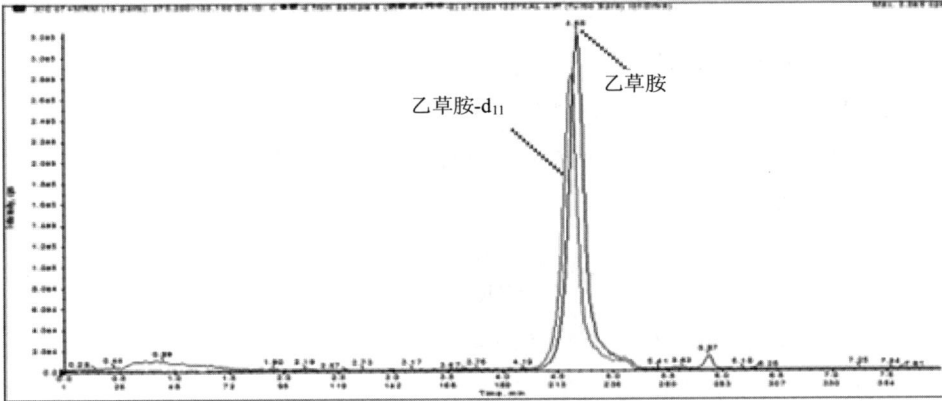

图 2-3　乙草胺总离子色谱图

3.7.2　结果计算

在对目标物定性判断的基础上，根据定量离子的峰面积，采用内标法进行定量。当样品中目标化合物的定量离子有干扰时，可使用辅助离子定量。

（1）用平均相对响应因子法计算样品浓度

按式（2-4）、式（2-5）计算标准系列目标化合物定量离子的相对响应因子及平均相对响应因子，并计算相对响应因子（RRF_i）的相对标准偏差。

相对响应因子（RRF_i）按式（2-4）计算。

$$RRF_i = \frac{A_s \rho_{is}}{A_{is} \rho_s} \tag{2-4}$$

式中：RRF_i——相对响应因子；

$\quad$ A_s——标准溶液中目标化合物的定量离子峰面积；

$\quad$ ρ_{is}——内标的质量浓度，ng/L；

$\quad$ A_{is}——内标定量离子的峰面积；

$\quad$ ρ_s——标准溶液中目标化合物的质量浓度，ng/L。

平均相对响应因子（$\overline{RRF_i}$）按式（2-5）计算。

$$\overline{RRF_i} = \frac{\sum\limits_{i=1}^{n} RRF_i}{n} \tag{2-5}$$

式中：$\overline{RRF_i}$——平均相对响应因子；

RRF_i——相对响应因子；

n——标准系列点数。

用平均相对响应因子法计算样品浓度：

当目标物采用平均相对响应因子法进行计算时，试样中目标物的浓度 ρ 按照式（2-6）进行计算。

$$\rho = \frac{A_{ex} \times \rho_{IS} \times V_2}{A_{IS} \times \overline{RRF_i} \times V_1} \tag{2-6}$$

式中： ρ ——样品中目标物化合物的浓度，ng/L；

A_{ex} ——目标物定量离子的峰面积；

ρ_{IS} ——内标物的浓度，ng/L；

V_2 ——试样体积，mL；

A_{IS} ——与目标物相对应内标定量离子的峰面积；

$\overline{RRF_i}$ ——目标物的平均相对响应因子；

V_1 ——样品体积，mL。

（2）用最小二乘法计算样品浓度

计算方法参见本章 2.7.2，目标物和内标物的浓度单位为 ng/L。

3.7.3 结果表示

测定结果小数点后位数的保留与方法检出限一致，最多保留 3 位有效数字。

3.8 质量保证和质量控制

3.8.1 空白试验

每 20 个或每批次样品（少于 20 个）应至少分析一个空白样品，空白样品（包括全程序空白和实验室空白）中乙草胺的测定结果应低于方法检出限。

3.8.2 校准曲线

校准曲线至少需 5 个浓度系列，校准曲线的相关系数≥0.995，或平均相对响应因子的相对标准偏差≤15%。

注[34]：校准曲线最低点浓度应接近方法测定下限在校准曲线上对应的水平。

3.8.3 连续校准

每 20 个或每批次样品（少于 20 个）应分析一次标准曲线中间浓度点，测定结果与标准曲线相应点浓度的相对误差不超过±20%。

3.8.4　精密度控制

每 20 个或每批次样品（少于 20 个）应至少测定 10%的平行双样，样品数量少于 20 个时，应至少测定一个平行双样。

3.8.5　正确度控制

每 20 个或每批次样品（少于 20 个）应分析一个基体加标样品，加标回收率应在 70%～130%。

注[35]：加标量一般为样品浓度的 0.5～3 倍，且加标后的总浓度不应超过分析方法的测定上限。

注[36]：样品中待测物浓度在方法检出限附近时，加标量应控制在校准曲线的低浓度范围，建议直接进样 100 ng/L 左右，液液萃取水样和固相萃取水样加标浓度均为 2.0 ng/L 左右。

4　数据审核要点

4.1　管理需求

（1）国际方面

1996 年，美国国家环境保护局颁布的旨在保护人体健康和生态受体安全的《土壤筛选导则》中规定了乙草胺基于地下水保护的土壤筛选限值为 0.58 mg/kg。美国《州饮用水指南》中缅因州饮用水乙草胺标准限值为 14 μg/L，明尼苏达州饮用水乙草胺标准限值为 9 μg/L。

（2）国内方面

《食品安全国家标准　食品中农药最大残留限量》（GB 2763—2016）中规定了大米谷物、油料和油脂、蔬菜、水果、糖料等食品中乙草胺的最高残留限量为 2.0 mg/kg。《农药工业水污染物排放标准》（GB 21523—2024）也将乙草胺纳入管控范畴。2022 年 3 月，我国新修订的《生活饮用水卫生标准》（GB 5749—2022）中新增了乙草胺的限值管控要求，其标准限值为 0.02 mg/L。

4.2　水环境介质中含量水平

经调研，国外对乙草胺的研究起步较早，在 2000 年前后就开始了相关水体监测工作。我国对水中乙草胺监测的研究主要是针对重点流域水体和种植地流域附近。国内外部分水体中乙草胺的检出情况如表 2-4 所示。

表 2-4 国内外部分水体中乙草胺的检出情况

环境水体		样品数量/个	检出率/%	检出浓度/（μg/L）	来源
北京市典型玉米农业小流域沿岸水体		30	26.67	ND～0.034	生态毒理学报，2024，19（4）：175-181
东南地区水库		—	—	ND～0.051 6	环境科学，2023，44（1）：180-188
云南省哈尼梯田稻鱼共作系统		—	—	ND～19.34	环境科学与技术，2018，41（S1）：184-192
黑龙江省哈尔滨市郊区淡水养殖池塘		65	100	ND～1.67	水产学杂志，2019，32（2）：37-43
滹沱河流域石家庄段	冬季 11		0	ND	环境污染与防治，2024，46（7）：1009-1015
	春季 11		45.45	ND～0.009 6	
我国重点流域	松花江	27	74.1	0.277 8	生态毒理学报，2016，11（2）：347-354
	黑龙江			0.120 6	
	长江			0.050 1	
	南水北调东线			0.018 7	
	南水北调中线			0.009 9	
	东江			ND	
	黄河			ND	
重点城市水源水	东北	17	94.1	ND～1.054 9	环境科学，2014，35（5）：1694-1697
	东部北方	23	78.3	ND～0.034 1	
	西北	13	46.2	ND～0.012 9	
	中部	25	60.0	ND～0.021 6	
	东部南方	41	82.9	ND～0.393 7	
	西南	26	30.8	ND～0.053 3	
重点城市处理厂出水		209	62.2	ND～0.909 6	
北京官厅水库		—	—	ND～0.001 5	Chemosphere，2005，61（11）：1594-1606

环境水体	样品数量/个	检出率/%	检出浓度/（μg/L）	来源
山东莱州湾和胶州湾海水	—	—	ND～0.078 5	Analytica Chimica Acta，2007，591（1）：87-96
匈牙利全国表层水	—	30.6	ND～3.0	Environmental Pollution，2008，152（1）：239-244
美国中西部	212	90	0.072	Science of the Total Environment，2000，248（2-3）：123-133
美国密西西比河	—	—	ND～1.66	International Journal Environmental Analytical Chemistry，2005，85（15）：1127-1140

注：ND 表示未检出。

4.3 数据审核

数据审核首先核对分析过程是否正确、实验数据格式是否符合规范、原始记录是否完整。其次核对数据的重点指标，如空白本底的检查、定性判定、定量计算等。

（1）空白本底的检查

若空白水样中有乙草胺的检出，说明实验过程中有引入干扰，需检查使用的试剂耗材、玻璃器皿、空白纯水及前处理过程带入的误差。

本方法要求空白样品分析，并要求现场空白和实验室空白均低于方法检出限。

（2）定性判定

当实际样品有乙草胺检出时，首先应参考本章 2.7.1 或 3.7.1 中定性分析部分进行假阳性的判定，重点审核样品中乙草胺的保留时间和定性离子丰度比。

①气相色谱-质谱法中定性检查

样品中乙草胺的相对保留时间与标准曲线乙草胺的平均相对保留时间的差值在±2.5%之内。样品中目标化合物的辅助定性离子和定量离子峰面积比（Q 样品）与标准曲线目标化合物的辅助定性离子和定量离子峰面积比（Q 标准）相对偏差控制在±30%以内。

保留时间和定量、定性离子丰度比的参数可以在工作站进行设定，参考操作：在工作站中对保留时间判定界面设置相应数值，在定性离子丰度比判定界面设置相应数值，具体见图 2-4，样品分析时系统会对其进行标记。

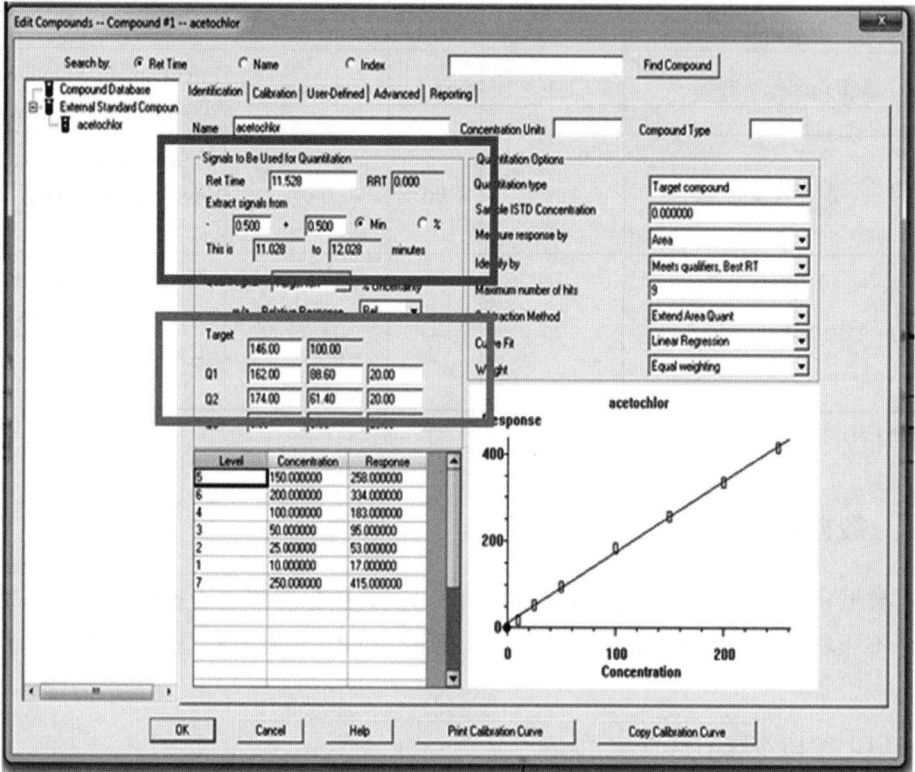

图 2-4　气相色谱-质谱仪工作站定性分析设定参考

因此，数据审核过程中，对于有乙草胺检出的实际样品，应查看相应原始谱图中的数据，参考图 2-4 信息确认样品中该化合物保留时间和定量、定性离子丰度比是否异常，若出现异常则可判定为假阳性。

例 1：图 2-5 为某实际样品分析气相色谱-质谱仪工作站中乙草胺的定性检查。由图 2-5 可知，样品中乙草胺的保留时间不在乙草胺设定的时间窗，可判定样品中乙草胺为假阳性。

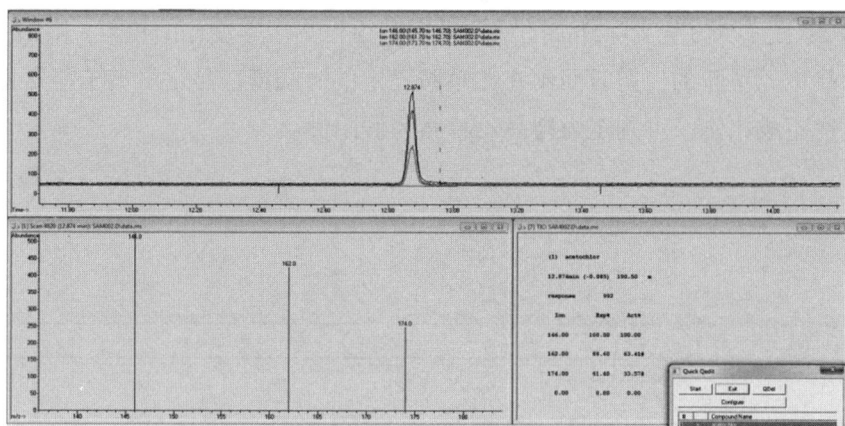

图 2-5　某实际样品分析气相色谱-质谱仪工作站中乙草胺的定性检查

②液相色谱-三重四极杆质谱法中定性检查

在相同的实验条件下，试样中目标化合物的保留时间与标准样品中该化合物的保留时间比较，相对偏差的绝对值应小于 2.5%；样品谱图中各目标化合物定性离子的相对离子丰度（K_{sam}）与浓度接近的标准溶液中对应的定性离子/定量离子相对丰度（K_{std}）进行比较，偏差不超过规定的范围，则可判定样品中存在对应的目标化合物。

保留时间和定性离子相对丰度的参数可以在工作站进行设定，具体见图 2-6。

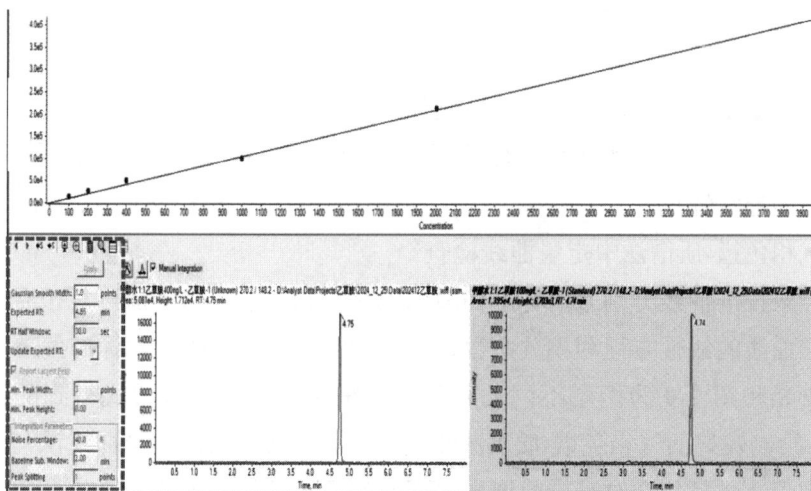

图 2-6　液相色谱-三重四极杆质谱仪工作站定性分析设置参考

例2：图2-7为某实际样品的保留时间和定性离子丰度比的核查。由图2-7可知，样品中乙草胺的保留时间不在乙草胺设定的时间窗，且定量离子与定性离子的丰度比不成比例，可判定为样品乙草胺为假阳性。

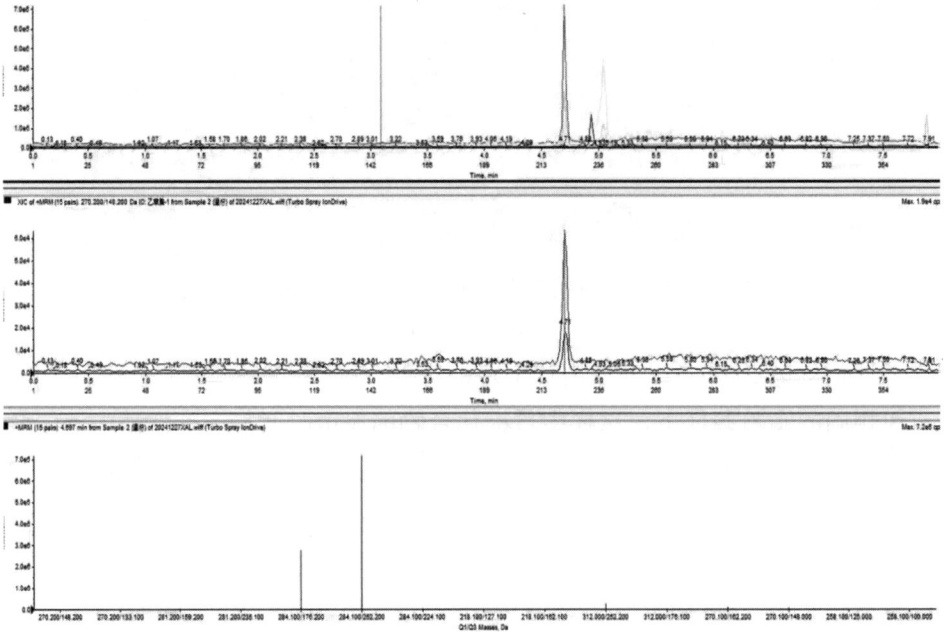

图2-7　某实际样品测定中液相色谱-三重四极杆质谱仪工作站乙草胺的定性检查

（3）定量计算

为提高定量准确性，当样品浓度较低时，建议采用平均相对响应因子法拟合曲线，避免因曲线斜率和截距不合适导致的系统误差，发生样品中乙草胺普遍低浓度检出的异常情况。

①气相色谱-质谱法中定量曲线检查

同一条校准曲线分别采用标准曲线法和平均相对响应因子法进行拟合，分别得到校准曲线的线性方程和相关系数、平均相对响应因子的相对标准偏差。

图2-8和图2-9为两条不同乙草胺曲线采用不同的拟合方式得到的结果。图2-8为绘制较好的气相色谱-质谱法测定乙草胺曲线在采用标准曲线法与平均相对响应因子法进行拟合时，均会展现出良好的拟合效果。图2-9为绘制略差的气相色谱-质谱法测定乙草胺曲线出现使用标准曲线法拟合相关系数满足要求，而平

均相对响应因子的相对标准偏差结果不满足要求的现象，主要原因是标准曲线法的截距过大，在实际样品分析时，要防止因曲线斜率和截距不合适导致的系统误差。因此建议低浓度样品分析时使用平均相对响应因子法，以保证数据结果的准确，在数据审核时应特别关注校准曲线的拟合方式，核对校准曲线是否满足要求。

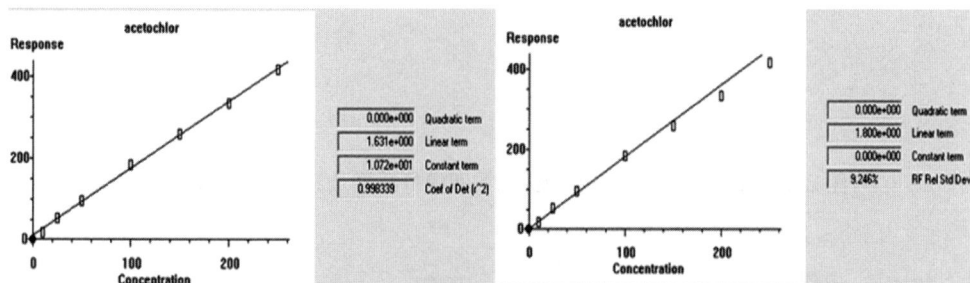

图 2-8　绘制较好的气相色谱-质谱法测定乙草胺标准曲线结果

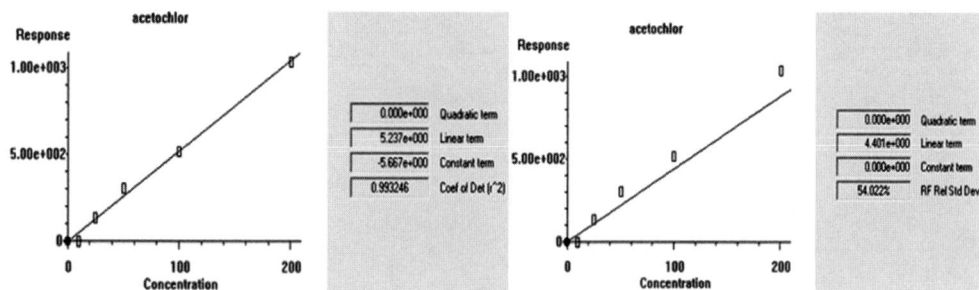

图 2-9　绘制略差的气相色谱-质谱法测定乙草胺标准曲线结果

②液相色谱-三重四极杆质谱法中定量曲线检查

液相色谱-三重四极杆质谱法采用平均相对响应因子法进行拟合时，使用平均相对响应因子的相对标准偏差判定曲线绘制的效果。

图 2-10 和图 2-11 为两条不同的乙草胺曲线采用不同的拟合方式得到的结果。图 2-10 为绘制较好的液相色谱-三重四极杆质谱法测定乙草胺校准曲线。图 2-11 为绘制略差的液相色谱-三重四极杆质谱法测定乙草胺校准曲线。在数据审核时应特别关注校准曲线是否满足要求。

Analyte Name: 乙草胺-1
Internal Standard: 乙草胺-内标-1-D11
Regression Equation: $y=0.23067 \cdot x + 0.01433$ (r=0.99969) (weighting: None)

Expected Concentration	Number of Values	Mean Calculated Concentration	%Accuracy	Std. Deviation	%CV
100.0000	1 of 1	87.18	87.2	N/A	N/A
200.0000	1 of 1	193.12	96.6	N/A	N/A
400.0000	1 of 1	392.75	98.2	N/A	N/A
800.0000	1 of 1	820.93	102.6	N/A	N/A
1000.0000	1 of 1	1023.22	102.3	N/A	N/A
2000.0000	1 of 1	1982.80	99.1	N/A	N/A

Analyte Name: 乙草胺-1
Internal Standard: 乙草胺-内标-1-D11
Regression Equation: $y=0.27366 \cdot x$ (std. dev. =0.03975) (weighting: None)

Expected Concentration	Number of Values	Mean Calculated Concentration	%Accuracy	Std. Deviation	%CV
100.0000	1 of 1	125.86	125.9	N/A	N/A
200.0000	1 of 1	215.15	107.6	N/A	N/A
400.0000	1 of 1	383.42	95.9	N/A	N/A
800.0000	1 of 1	744.34	93.0	N/A	N/A
1000.0000	1 of 1	914.85	91.5	N/A	N/A
2000.0000	1 of 1	1723.69	86.2	N/A	N/A

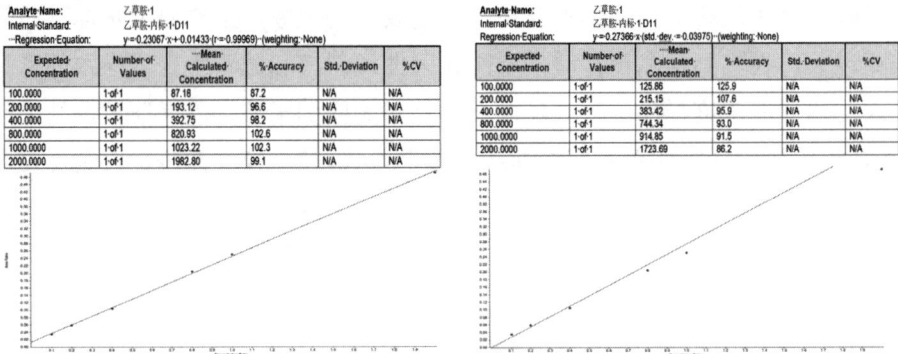

图 2-10　绘制较好的液相色谱-三重四极杆质谱法测定乙草胺的校准曲线

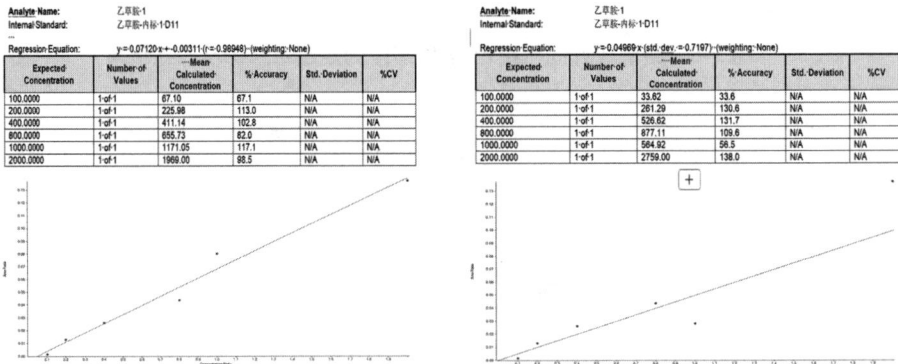

Analyte Name: 乙草胺-1
Internal Standard: 乙草胺-内标-1-D11
Regression Equation: $y=0.07120 \cdot x + -0.00311$ (r=0.98948) (weighting: None)

Expected Concentration	Number of Values	Mean Calculated Concentration	%Accuracy	Std. Deviation	%CV
100.0000	1 of 1	67.10	67.1	N/A	N/A
200.0000	1 of 1	225.98	113.0	N/A	N/A
400.0000	1 of 1	411.14	102.8	N/A	N/A
800.0000	1 of 1	655.73	82.0	N/A	N/A
1000.0000	1 of 1	1171.05	117.1	N/A	N/A
2000.0000	1 of 1	1969.00	98.5	N/A	N/A

Analyte Name: 乙草胺-1
Internal Standard: 乙草胺-内标-1-D11
Regression Equation: $y=0.04969 \cdot x$ (std. dev. =0.7197) (weighting: None)

Expected Concentration	Number of Values	Mean Calculated Concentration	%Accuracy	Std. Deviation	%CV
100.0000	1 of 1	33.82	33.6	N/A	N/A
200.0000	1 of 1	261.29	130.6	N/A	N/A
400.0000	1 of 1	526.62	131.7	N/A	N/A
800.0000	1 of 1	877.11	109.6	N/A	N/A
1000.0000	1 of 1	564.92	56.5	N/A	N/A
2000.0000	1 of 1	2759.00	138.0	N/A	N/A

图 2-11　绘制略差的液相色谱-三重四极杆质谱法测定乙草胺的校准曲线

参考文献

[1] 黄怡, 韩兵, 肖晓峰, 等. 典型玉米种植小流域中乙草胺对水生生物的环境风险评估[J]. 生态毒理学报, 2024, 19（4）: 175-181.

[2] 何姝, 董慧峪, 任南琪. 我国东南地区饮用水水源地多种农药的赋存特征及健康风险评估[J]. 环境科学, 2023, 44（1）: 180-188.

[3] 张石云, 宋超, 张敬卫, 等. 哈尼梯田稻鱼共作系统中除草剂的污染特征[J]. 环境科学与技术, 2018, 41（S1）: 184-192.

[4] 黄晓丽, 高磊, 黄丽, 等. 哈尔滨地区养殖池塘中除草剂类农药残留及分布特征[J]. 水产学杂志, 2019, 32（2）: 37-43.

[5]　高森，李仪琳，孙瑞雪，等. 滹沱河流域石家庄段河流表层水体中酰胺类除草剂污染特征及生态风险[J]. 环境污染与防治，2024，46（7）：1009-1015.

[6]　徐雄，李春梅，孙静，等. 我国重点流域地表水中 29 种农药污染及其生态风险评价[J]. 生态毒理学报，2016，11（2）：347-354.

[7]　于志勇，金芬，李红岩，等. 我国重点城市水源及水厂出水中乙草胺的残留水平[J]. 环境科学，2014，35（5）：1694-1697.

[8]　Xue N D，Xu X B，Jin Z L. Creening 31 endocrine-disrupting pesticides in water and surface sediment samples from Beijing Guanting reservoir[J]. Chemosphere，2005，61（11）：1594-1606.

[9]　Xu X Q，Yang H H，Wang L，et al. Analysis of chloroacetanilide herbicides in water samples by solid-phase microextraction coupled with gas chromatography-mass spectrometry[J]. Analytica Chimica Acta，2007，591（1）：87-96.

[10]　Rocha C，Pappas A E，Huang C. Determination of trace triazine and chloroacetamide herbicides in tile-fed drainage ditchwater using solid-phase icroextraction coupled with GC-MS[J]. Environmental Pollution，2008，152（1）：239-244.

[11]　Battaglin W A，Furlong E T，Burkhardt M R，et al. Occurrence of sulfonylurea，sulfonamide，imidazolinone，and other herbicides in rivers，reservoirs and ground water in the Midwestern United States，1998[J]. Science of the Total Environment，2000，248（2-3）：123-133.

[12]　Coupe R H，Welch H L，Pell A B，et al. Herbicide and degradate flux in the Yazoo River Basin[J]. International Journal Environmental Analytical Chemistry，2005，85（15）：1127-1140.

第3章 灭草松的测定

1 基本概况

灭草松（排草丹）是一种杂环类触杀型及轻微内吸性除草剂，于1972年上市，可防除大豆田内苗后阔叶杂草及莎草，低毒。根据中国农药信息网，我国目前已登记灭草松相关产品共242项，其中单剂128项，混剂114项，原药23项，母药2项。

1.1 理化性质

灭草松，又名3-异丙基-（1H）-苯并-2,1,3-噻二嗪-4（3H）-酮-2,2-二氧化物，分子式为$C_{10}H_{12}N_2O_3S$，CAS号为25057-89-0，分子量为240.28，熔点为137～139℃，25.0℃时分解生成氮氧化合物和硫氧化合物，密度为1.41（20℃），酸度系数（pKa）（24℃）为3.3，log K_{ow}为2.34，在甲苯中溶解度<1 g/L，水中溶解度为0.5 g/L（20℃）。

1.2 对健康及环境危害

根据最新欧盟再评审的结论，灭草松在安全性方面的禁用风险相对较低，当前，仅灭草松的生殖发育毒性受到了重点关注。

大鼠急性经口LD_{50}：383.2 mg/kg（雄性），433.6 mg/kg（雌性）。可接受每日摄入量（ADI）：0.09 mg/（kg体重·d），基于大鼠两年研究中未观察到不良反应水平（NOAEL）9 mg/（kg体重·d），并应用标准不确定性因子100。急性参考剂量（ARfD）：1 mg/kg体重，基于大鼠发育毒性研究（NOAEL）100 mg/（kg体重·d），并应用不确定性因子100。

对眼睛和呼吸道有刺激作用，如误服，需用食盐水洗胃，催吐。避免服用含脂肪的物质（如牛奶、蓖麻油等）或酒精。

由于灭草松易溶于水且在水体中难降解，其辛醇/水分配系数也较低，因此灭草松在土壤中具有极大的迁移性。这一因素导致灭草松的田间施用易通过地表水和地下水径流污染环境水体。已有数据显示，灭草松在多个国家地下水中检出的含量最高达40 μg/L；在日本水稻种植地区地表水中的最大检出浓度为14 μg/L。为了应对灭草松的水体污染，促进灭草松在欧洲的再评审，巴斯夫、纽发姆等公司在2021年成立了"了解灭草松风险"小组，已发布的应对策略中除了禁止和限制灭草松在易渗水地质条件下使用，防止其渗入地下水中，还建议灭草松的施用应在日照充足的春、夏季，以通过光解降低灭草松的环境浓度。除此之外，也需要严格控制灭草松的使用量，欧洲、印度、马来西亚相关产品针对大豆、玉米、谷类、水稻等作物的年施药量均已限制在1 kg a.i./hm² （千克每公顷有效成分）以下。

2　监测方法解读

2.1　参考标准

《生活饮用水标准检验方法　第9部分：农药指标》（GB/T 5750.9—2023）
《全国集中式饮用水水源水质专项调查作业指导书（2024—2026年）》

2.2　分析方法原理

水样经过滤后直接进样或固相萃取柱富集，用高效液相色谱分离，三重四极杆质谱法检测，根据保留时间、特征离子对其丰度定性，外标法定量。

方法检出限为0.5 μg/L，测定下限为2.0 μg/L。

注[1]：当仪器检出限低于0.5 μg/L时，可采用直接进样法分析。

注[2]：饮用水水源水质基质干扰小，可以采用外标法定量，若有条件，最好采用内标法定量。选择目标化合物对应的同位素作为内标物，在试样上机之前添加。

2.3　试剂和材料

除非另有说明，分析时均使用符合国家标准的分析纯化学试剂，实验用水为新制备的不含目标物的纯水。

2.3.1 甲醇（CH_3OH）：色谱纯。

2.3.2 丙酮（CH_3COCH_3）：色谱纯。

2.3.3 甲醇溶液：1+1。

用甲醇（2.3.1）和水按1∶1体积比混合。

2.3.4 乙酸铵（CH_3COONH_4）：优级纯。

2.3.5 乙酸铵溶液：c（CH_3COONH_4）=5 mmol/L。

称取0.385 g乙酸铵（2.3.4），用水溶解定容至1 000 mL。

2.3.6 标准物质

灭草松纯品，纯度大于98.0%；或使用有证标准溶液，按证书要求进行保存。

注[3]：有标准溶液尽可能选择标准溶液，目前我国商品化有机污染物的有证标准溶液很少，不同厂家产品质量参差不齐，个别厂家目标物浓度值离群，更有甚者，目标物名称错误，建议优先选择知名生产厂商。

2.3.7 标准贮备液：ρ =100 mg/L。

分别准确称取10.0 mg灭草松纯品（2.3.6），用适量丙酮（2.3.2）溶解后转入100 mL容量瓶，用甲醇（2.3.1）定容。该混合标准溶液于0～4℃密封、避光保存，保存期为6个月，使用时恢复至室温并摇匀。

注[4]：计算浓度时考虑纯度。

2.3.8 标准使用液：ρ =1.0 mg/L。

取50.0 μL标准贮备液（2.3.7）于5 mL容量瓶中，用甲醇（2.3.1）稀释定容后混匀，0～4℃密封、避光保存，保存期为6个月。

2.3.9 滤膜：玻璃纤维或其他等效材质，0.45 μm。

2.3.10 尼龙滤膜：尼龙或其他等效材质，0.22 μm。

2.3.11 高纯氮气：纯度≥99.99%。

注[5]：有些仪器碰撞气用氩气。

2.3.12 固相萃取柱：填料为二乙烯苯和N-乙烯基吡咯烷酮共聚物（或其他等效填料），规格为500 mg/6 mL其他容量。

2.4 仪器和设备

2.4.1 高效液相色谱-三重四极杆质谱仪：配有电喷雾离子源，具备梯度洗脱功能和多反应监测功能。

2.4.2　色谱柱：C$_{18}$色谱柱，50 mm×2.1 mm×1.7 μm，或其他等效色谱柱。

2.4.3　固相萃取装置：自动或手动，流速可调节。

2.4.4　浓缩装置：氮吹浓缩仪或其他性能相当的设备。

2.4.5　一般实验室常用仪器和设备。

2.5　前处理

2.5.1　直接进样法

水样用尼龙滤膜（2.3.10）过滤后，准确移取1.0 mL过滤后水样置于样品瓶中，待测。

注[6]：不同厂家、不同批次的尼龙滤膜性能可能不同，基体加标应在过滤前向水样中加入标准物质，以客观考察方法回收率。

2.5.2　固相萃取法

依次用10 mL甲醇和10 mL水活化固相萃取柱（2.3.12），保证小柱柱头浸润。量取100 mL经滤膜（2.3.9）过滤后的水样，以2～4 mL/min的流速（1～2滴/s）通过固相萃取柱，高浓度样品体积可根据实际情况适当减少。再用10 mL水淋洗小柱，去除小柱上保留较弱的杂质，之后用高纯氮气（2.3.11）吹干小柱。用10 mL甲醇（2.3.1）以约3 mL/min（约1滴/s）的流速洗脱富集后的小柱，收集洗脱液。将洗脱液浓缩至0.5 mL，用水定容至1.0 mL，混匀后经尼龙滤膜（2.3.10）过滤后，置于进样瓶中，待测。如使用内标法定量，则需在进样前加入内标。

注[7]：如果仪器灵敏度差，可以增加水样量。

注[8]：该类型的固相萃取柱很难吹干，要仔细把控条件，既不能太干，也不能太湿，否则都会影响洗脱效率及浓缩速度。

注[9]：用水定容的目的是试样溶剂和初始流动相接近，减小溶剂效应。

注[10]：如使用试剂均为过滤级，可省略尼龙泥膜（2.3.10）过滤步骤。

2.5.3　空白试样的制备

以实验用水代替样品，按照与试样的制备（2.5.1和2.5.2）相同步骤进行实验室空白试样的制备。

2.6　分析测试

2.6.1　仪器参考条件

（1）色谱条件

流动相：流动相A甲醇（2.3.1），流动相B乙酸铵溶液（2.3.5），参考梯度洗脱程序见表3-1。流量为0.3 mL/min，进样体积：5.0 μL；柱温：40℃。

表 3-1　梯度洗脱程序

时间/min	A/%	B/%
0	15	85
0.5	15	85
4	95	5
8	95	5
8.1	15	85
10	15	85

注[11]：　可以根据目标物的浓度、仪器灵敏度等调整进样体积。

注[12]：　乙酸铵容易沉积在色谱柱，做完样品一定要充分冲洗色谱柱。

（2）质谱条件

电喷雾源，负离子模式，检测方式为多反应监测，具体条件见表3-2。不同生产厂家、不同型号仪器参数存在差别，使用前应进行优化，本方法提供的监测条件仅供参考。

表 3-2　灭草松多反应监测条件

化合物	监测离子对（m/z）	锥孔电压/V	碰撞能量/V
灭草松	239.2＞132.1*	30	20
	239.2＞197.2	30	20

注：*为定量离子对。

注[13]：　一定要用两个离子对，避免假阳性。

注[14]：　单位质量分辨率，质荷比计算值±0.5。

2.6.2　校准曲线的建立

移取适量的标准使用液（2.3.8）于10 mL容量瓶，用初始流动相配制不少于5个浓度点的校准曲线，浓度分别为0.5 μg/L、2.0 μg/L、5.0 μg/L、20.0 μg/L和50.0 μg/L（此为参考浓度），由低浓度到高浓度依次对校准系列溶液进样，按照仪器参考条件（2.6.1）进行分析，以浓度为横坐标，峰面积为纵坐标，建立校准曲线。

2.6.3　试样的测定

按照与校准曲线的建立（2.6.2）相同步骤测定试样（2.5.1和2.5.2）。

注[15]：若测定结果超过曲线最高点，应减少取样量重新进行固相萃取；当采用直接进样法时，可对水样进行稀释后重新测定。

2.6.4　空白试样的测定

按照与试样的测定（2.6.3）相同步骤测定实验室空白试样（2.5.3）。

2.7　结果的计算与表示

2.7.1　定性分析

根据保留时间定性分析，在相同的实验条件下，将试样中灭草松保留时间和标准系列中灭草松保留时间进行比较，偏差应≤0.2 min。灭草松色谱峰的S/N（灭草松在仪器中的信号/仪器噪声）≥3。样品中灭草松定性离子的相对丰度K_{sam}与浓度接近的标准溶液中定性离子相对丰度K_{std}进行比较，最大允许偏差参见"第2章　乙草胺的测定3.7.1"，灭草松色谱图见图3-1。

注[16]：应为"偏差绝对值应≤0.2 min"。

注[17]：三重四极杆质谱属于低分辨质谱，因此一定要密切关注离子对丰度比，避免出现假阳性。

2.7.2　结果计算

样品中目标化合物的质量浓度按照式（3-1）进行计算：

$$\rho = \frac{\rho_1 \times V_1}{V} \times f \qquad (3\text{-}1)$$

式中：ρ——样品中目标化合物的质量浓度，μg/L；

ρ_1——从校准曲线上查得的试样中目标化合物的质量浓度，μg/L；

V_1——试样的体积，mL；

V——水样体积，mL；

f——稀释倍数。

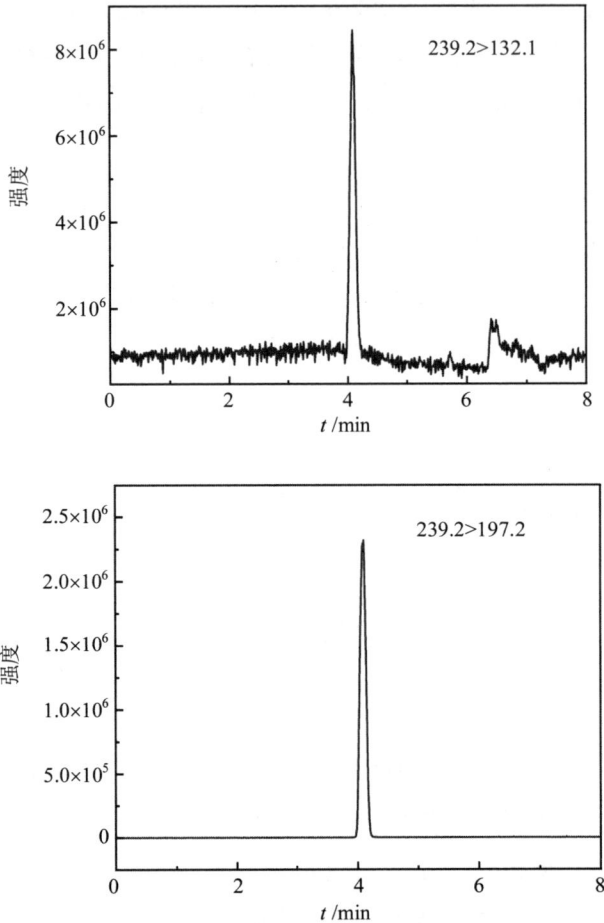

图 3-1　灭草松色谱图

2.7.3　结果表示

测定结果小数点后位数的保留与方法检出限一致，最多保留3位有效数字。

2.8　质量保证和质量控制

2.8.1　空白试验

每20个样品或每批次（少于20个样品/批）至少分析1个实验室空白，空白测试结果应低于方法检出限。

2.8.2　校准曲线

校准曲线的相关系数 $R \geqslant 0.995$。

2.8.3　连续校准

选择校准曲线的中间浓度点进行连续校准,每分析20个样品或每批次样品(少于20个)进行1次连续校准,测定结果相对误差应在±20%之内,否则需重新建立校准曲线。

注[18]:建议每次分析重新绘制校准曲线,每分析20个样品需要进行连续校准,如连续校准不合格,立即清洗离子源、冲洗色谱柱等措施清洗系统,重新调谐。

2.8.4　精密度控制

每20个样品或每批次(少于20个样品/批)至少分析1个平行样,当测定结果大于测定下限时,平行样相对偏差在20%以内。

2.8.5　正确度控制

每20个样品或每批次样品(少于20个样品/批)至少分析1个基体加标,直接进样法加标回收率范围为80%～120%,固相萃取法加标回收率范围为70%～130%。

注[19]:部分地下水硬度高,影响离子源电离,直接进样回收率低,可采用固相萃取法去除离子干扰,提高回收率。

3　数据审核要点

3.1　管理需求

(1)水体方面

我国于2022年3月15日发布的《生活饮用水卫生标准》(GB 5749—2022)首次纳入了灭草松,规定的标准限值为0.3 mg/L。1995年,美国国家环境保护局(USEPA)表示,当前地表水以及地下水中的灭草松含量"超出令人担忧的水平"。在加利福尼亚州抽样的200口井中就有64处井水检测到灭草松,这促使加利福尼亚州政府审查现有的毒理学研究并制定了公共卫生目标,USEPA饮用水灭草松标准限值为200 μg/L,加利福尼亚州饮用水标准限值为18 μg/L;威斯康星州饮用水标准限值为300 μg/L；美国联邦地质调查局确定的非癌性限值为900 μg/L；德国地表水灭草松限值为0.1 μg/L，具体见表3-3。

表 3-3 国际上水体灭草松限值要求

国家	限值/（μg/L）	来源
美国 EPA 饮用水	200	Federal Drinking Water Guidelines
加利福尼亚州饮用水	18	State Drinking Water Standards
威斯康星州饮用水	300	State Drinking Water Guidelines
美国联邦地质调查局非癌症健康筛查水平	900	USGS Health-Based Screening Level for Evaluating Water Quality
德国地表水	0.1	Federal Environment Agency in accordance with the Surface Waters Ordinance，2011

（2）食物方面

《食品安全国家标准 食品中农药最大残留限量》（GB 2763—2021）规定，灭草松ADI为0.09 mg/kg bw，谷物中最大残留限量为0.01～0.2 mg/kg；蔬菜中最大残留限量为0.01～0.5 mg/kg；油料和油脂中最大残留限量为0.05～0.1 mg/kg；调味料中最大残留限量为0.1～1 mg/kg；动物源性食品中最大残留限量为0.01～0.07 mg/kg。

欧盟规定农药最大残留限量指标中灭草松的最大残留限量为0.03 mg/kg。灭草松在藻类中的PNEC为51 ng/L，在大型蚤类中为0.13 mg/L，鱼类中为0.1 mg/L。

3.2 水环境介质中含量水平

灭草松因其较强的水溶性和较差的土壤吸附能力，容易通过淋溶作用进入水体，造成污染。研究表明，灭草松在水中的浓度可以通过固相萃取（SPE）结合高效液相色谱法（HPLC）进行测定。在一些农业区域的地表水中已经检测到了灭草松的存在。德国联邦环境署（UBA）的数据显示，2002—2004年，德国多个监测站点记录到灭草松浓度超过0.1 μg/L的情况，最高达2 μg/L以上。巴伐利亚州的河流中，灭草松检出频率较高，部分样本浓度超过了0.05 μg/L，个别情况下甚至高于饮用水标准，具体见表3-4。

表 3-4　国内外部分水体中灭草松的检出情况

环境水体	采样时间	检出浓度/（ng/L）	来源
武汉市长江流域—地表水	2019 年 2 月	1.92～4.95	Environmental Science and Pollution Research，2022，29（5）：7089-7095
	2019 年 7 月	15.9～98.3	
武汉市长江流域—饮用水	2019 年 2 月	0.12～2.96	
	2019 年 7 月	0.03～18.4	
大同站长江流域	2009 年 5 月—2010 年 6 月	ND	Science of theTotal Environment，2014，472：789-799.
长江	2014 年 7 月	15.1～851	Ecotoxicology and Environmental Safety，2019，175：289-298
黑龙江	2014 年 8 月	527～801	
松花江	2014 年 8 月	90.3～699	
大运河	2014 年 9 月	165	
太湖	2014 年 7 月	2.14～634	
黄河	2014 年 8 月	ND	
东江	2013 年 12 月	1.49～5.03	
日本 12 个要供水设施	2012—2017 年	<10～4 100	Science of the Total Environment，2020，744：140930
巴塞罗那大都会区的 Llobregat 盆地	2016—2017 年	<5～507	Science of the Total Environment，2019，692：952-965
越南红河	2019 年 7 月	0.19	Science of the Total Environment，2021，750：141507
阿肯色州地下水	1996 年 7 月 29 日—9 月 23 日	ND～115.3	Water Res Eng，1998，2，1206-1211
USGS 地下水数据	2010 年 1—12 月	ND～15 500	https://www.waterqualitydata.us/portal
	2011 年 1—12 月	ND～14 100	
	2012 年 1—12 月	ND～12 100	
	2013 年 1—12 月	ND～4 700	
	2014 年 1—12 月	ND～6 590	
	2015 年 1—12 月	ND～4 950	
	2016 年 1—12 月	ND～25 900	
	2017 年 1—12 月	ND	

环境水体	采样时间	检出浓度/（ng/L）	来源
USEPA 地下水数据	1981—1990 年	ND～41 890	USEPA；Pesticides in Groundwater Database. A Compilation of Monitoring Studies：1971-1991

3.3　数据审核

（1）空白判定

空白分为采样空白、运输空白、实验室分析空白，来源于试剂、分析仪器、采样仪器及运输环境。根据已有的分析经验，本方法测定灭草松所有空白均小于检出限，具体见图3-2。如空白有检出，一定要查找原因。

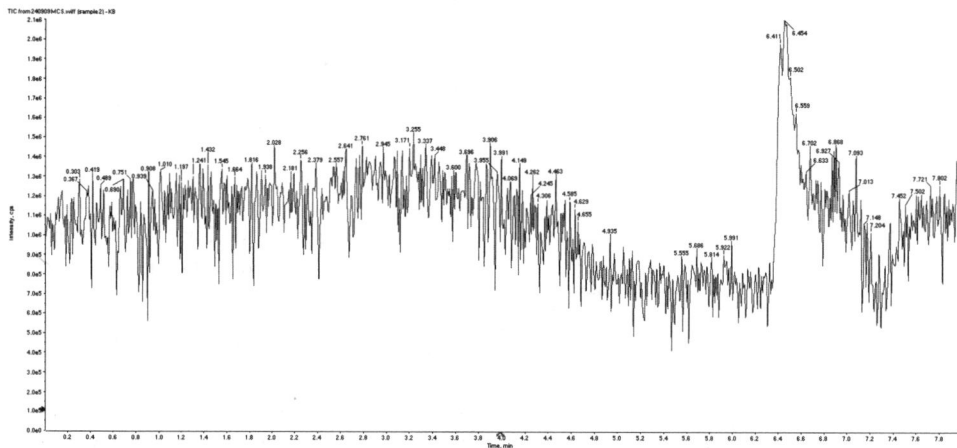

图 3-2　灭草松全程序空白

（2）假阳性判定

饮用水水源地如有检出，一定要关注保留时间和特征离子丰度比，这是假阳性最重要也是经常被忽视的依据。

保留时间：受基质干扰等因素影响，保留时间会有所变化，应在分析过程中进行连续校准，样品目标物的保留时间与连续校准目标物保留时间差绝对值应小于±0.2 min，如超出此范围出峰，应开展基质加标确定是否是目标物。

离子丰度比：我们在实际工作中分析其他污染物时发现定量离子有检出，但是定性离子未检出的情况。在试点监测中未发现假阳性，但也不能忽视。图3-3展示的是某抗生素样品假阳性谱图，该色谱峰峰形对称，峰宽正常，样品中定性离子/定量离子丰度比为0.071 5，但是标准溶液中定性离子/定量离子丰度比为0.403 1，则样品中该物质不是我们的目标物。

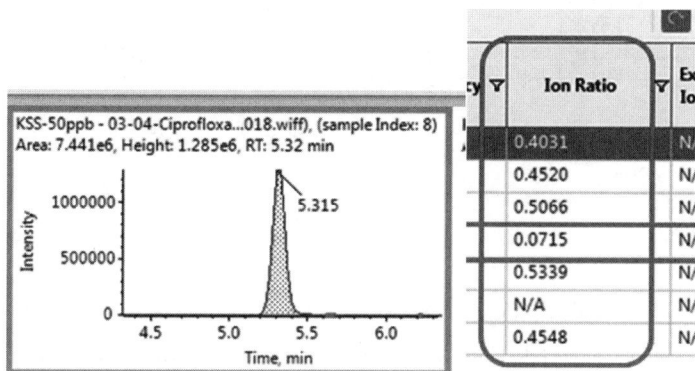

图 3-3　分析假阳性案例

（3）假阴性判定

饮用水水源地目标物未检出，需考察以下几个问题：

①回收率是否符合方法要求，如回收率过低，则会出现假阴性现象。

本方法采用固相萃取法开展水样分析时，萃取柱的干燥至关重要，干燥过度引起目标物的损失，干燥不足会导致洗脱效率低，实验人员应根据本实验室仪器特点摸索适合本实验室的干燥时间或干燥方式。

②一定要有连续校准。每分析20个样品或每批次（少于20个样品/批）进行1次连续校准，校准结果满足要求。因为大部分液相色谱-三重四极杆质谱抗干扰能力较差，在分析样品（特别是离子强度大、基质复杂的样品）的过程中，仪器响应急剧下降，也会发现假阴性现象。

（4）低浓度定量误差

曲线系列浓度范围过大时，受高浓度点的影响可能会导致低浓度样品定量准确度较差，但也不能一概而论，我们可以根据曲线浓度的回算来确定影响的大小。图3-4是0.50～50.0 μg/L灭草松的校准曲线，线性相关系数大于0.999 9，0.50 μg/L的回算值与理论值比为102%，这条曲线完全可以用于低浓度样品的定量。如果线性相关系数过低，回算浓度与理论值差别较大，则应减小曲线系列浓度范围，重新绘制适合样品浓度的曲线。

• Regression Equation: y = 1.11925e5 x + 2415.71539 (r = 0.99994, r² = 0.99989) (weighting: 1 / x)

Expected Concentration	Number of Values	Mean Calculated Concentration (ppb)	% Accuracy	Std. Deviation	%CV
0.50	1 of 1	5.102e-1	102.0	N/A	N/A
2.00	1 of 1	1.999e0	100.0	N/A	N/A
5.00	1 of 1	4.851e0	97.0	N/A	N/A
20.00	1 of 1	2.023e1	101.2	N/A	N/A
50.00	1 of 1	4.991e1	99.8	N/A	N/A

图 3-4　校准曲线

参考文献

[1]   KAMATA M，MATSUI Y，ASAMI M. National trends in pesticides in drinking water and water sources in Japan[J]. Science of the Total Environment，2020，744：140930.

[2]   QI W，MULLER B，PERNET-COUDRIER B，et al. Organic micropollutants in the Yangtze River：Seasonal occurrence and annual loads[J]. Science of the Total Environment，2014，472：789-799.

[3]   QUINTANA J，DE LA CAL A，BOLEDA M R. Monitoring the complex occurrence of pesticides in the Llobregat basin，natural and drinking waters in Barcelona metropolitan area（Catalonia，NE Spain）by a validated multi-residue online analytical method[J]. Science of the Total Environment，2019，692：952-965.

[4]   WAN Y，TRAN T M，NGUYEN V T，et al. Neonicotinoids，fipronil，chlorpyrifos，carbendazim，chlorotriazines，chlorophenoxy herbicides，bentazon，and selected pesticide transformation products in surface water and drinking water from northern Vietnam[J]. Science of the Total Environment，2021，750：141507.

[5]   WANG P，CAO M，PAN F，et al. Bentazone in water and human urine in Wuhan，central China：exposure assessment[J]. Environmental Science and Pollution Research，2022，29（5）：7089-7095.

[6]   XU M，HUANG H，LI N，et al. Occurrence and ecological risk of pharmaceuticals and personal care products（PPCPs）and pesticides in typical surface watersheds，China[J]. Ecotoxicology and Environmental Safety，2019，175：289-298.

[7]   https://pubchem.ncbi.nlm.nih.gov/compound/Bentazone#section=EC-Classification.

第4章 氯酸盐、亚氯酸盐、溴酸盐、二氯乙酸和三氯乙酸的测定

1 基本概况

1.1 理化性质

氯酸盐是含有氯酸根（ClO_3^-）的盐类，化学式为 $M^I ClO_3$ 或 $M^{II}(ClO_3)_2$（M^I、M^{II} 分别表示一价、二价正离子），有氯酸钾、氯酸钠、氯酸镁等。碱金属和碱土金属的氯酸盐均为无色晶体。氯酸盐具有强氧化作用，加热后放出氧气，同时放热；与易燃物（如硫、碳、磷）混合后，撞击时会有剧烈爆炸发生；不可同还原剂或易燃物质堆放在一起，一般易溶于水，氯酸钾的溶解度较小（20℃时，100 mL 水中只溶解 7.1 g）。氯酸盐主要用于工业生产方面。

亚氯酸盐是亚氯酸形成的盐类，含有亚氯酸根离子（ClO_2^-），其中氯的氧化态为+3。常见的亚氯酸盐有亚氯酸钠、亚氯酸镁、亚氯酸钡等，其中亚氯酸钠是生产二氧化氯的原料之一。亚氯酸盐在水中普遍较稳定，但加热或撞击会立刻发生爆炸，分解为氯酸盐等产物。

溴酸盐含有三角锥形的溴酸根离子（BrO_3^-），其中溴的氧化态为+5，受热后易分解，有氧化作用。溴酸盐是天然水源在经过臭氧消毒后所生成的副产物，在国际上被定为 2B 级的潜在致癌物。常见的溴酸盐有溴酸钠、溴酸钾、溴酸银、溴酸钡等。其中，碱金属的溴酸盐，如溴酸钠和溴酸钾溶于水。碱土金属的溴酸盐，如溴酸钡难溶于水。

二氯乙酸是一种有机化合物，化学式为 $C_2H_2Cl_2O_2$，为无色透明液体，有刺激性气味，溶于水、乙醇和乙醚，用作有机合成中间体，主要用于制二氯乙酸甲酯和医药尿囊素及阳离子染料等，也用作腐蚀剂。二氯乙酸在世界卫生组织国际

癌症研究机构公布的 2B 类致癌物清单中。

三氯乙酸是一种有机化合物，化学式为 $C_2HCl_3O_2$，有刺激性气味，易潮解，溶于水、乙醇和乙醚，主要用于有机合成和制备医药，也可用作化学试剂、杀虫剂。三氯乙酸在世界卫生组织国际癌症研究机构公布的 2B 类致癌物清单中。

1.2 环境危害

饮用水消毒过程中，消毒剂与水中某些物质反应产生消毒副产物。卤代乙酸通常在氯气、氯胺和二氧化氯的消毒过程中产生，在氯气的消毒过程中最易生成。当采用预臭氧工艺时，氯化消毒还会促使卤代乙酸的形成潜力进一步增加。卤代乙酸的前体物主要来源于腐殖酸、富里酸等腐殖类有机物，以及亲水酸、聚糖、氨基酸、蛋白质和烃类化合物等非腐殖类有机物。氯代乙酸的致癌潜力与取代的氯原子数有关，研究表明，一氯乙酸对小鼠无致癌性，但二氯乙酸和三氯乙酸会增加小鼠肝肿瘤的患病率。

溴酸盐一般在含有溴化物的原水，臭氧消毒过程中产生，当溴化物浓度超过 50 μg/L 时，在臭氧或羟基自由基的氧化作用下形成溴酸盐。溴酸盐的氧化活性被认为是毒性作用机制的一个重要因素，会造成细胞 DNA 的氧化损伤，对动物和人类具有潜在的致癌性。溴酸盐对肝细胞具有遗传毒性，在肾脏中会引起氧化损伤和染色体突变等问题。

二氧化氯消毒剂和饮用水中的天然有机物和无机物在中性或碱性条件下反应可生成氯酸盐、亚氯酸盐等消毒副产物。研究表明，亚氯酸盐可导致高铁血红蛋白和溶血性贫血，并具有较强的致突变性，国际癌症研究中心已将亚氯酸盐列为致癌物，氯酸盐为中等毒性化合物。氯酸盐、亚氯酸盐会引起溶血性贫血，并降低精子的数量和活力。其还能影响肝功能和免疫反应，导致肝脏产生坏死病变，肾损伤和心肌营养不良。

2 监测方法解读

2.1 参考标准

《水质　氯酸盐、亚氯酸盐、溴酸盐、二氯乙酸和三氯乙酸的测定　离子色谱

法》（HJ 1050—2019）

《生活饮用水标准检验方法　第 10 部分：消毒副产物指标》（GB/T 5750.10—2023）

2.2　分析方法原理

样品中的氯酸盐、亚氯酸盐、溴酸盐、二氯乙酸和三氯乙酸随淋洗液进入离子色谱分离柱分离，经电导检测器检测，根据保留时间定性，峰高或峰面积定量。当进样体积为 200 μL 时，氯酸盐（以 ClO_3^- 计）、亚氯酸盐（以 ClO_2^- 计）、溴酸盐（以 BrO_3^- 计）、二氯乙酸（DCAA）和三氯乙酸（TCAA）的方法检出限分别为 0.005 mg/L、0.002 mg/L、0.002 mg/L、0.005 mg/L 和 0.01 mg/L，测定下限分别为 0.020 mg/L、0.008 mg/L、0.008 mg/L、0.020 mg/L 和 0.04 mg/L。

2.3　试剂和材料

除非另有说明，分析时均使用符合国家标准的分析纯化学试剂，实验用水为新制备的不含目标物的纯水。

2.3.1　乙腈（CH_3CN）：色谱纯。

2.3.2　氢氧化钠（NaOH）：优级纯，颗粒状。

2.3.3　硫脲（CH_4N_2S）。

2.3.4　碳酸钠（Na_2CO_3）：优级纯。

使用前于 105℃±5℃条件下烘干 2 h，置于干燥器中保存。

2.3.5　碳酸氢钠（$NaHCO_3$）：优级纯。

使用前置于干燥器中平衡 24 h。

2.3.6　氯酸钠：w（$NaClO_3$）≥99%。

2.3.7　亚氯酸钠：w（$NaClO_2$）≥80%。

2.3.8　溴酸钠：w（$NaBrO_3$）≥99%。

2.3.9　二氯乙酸：ρ（$Cl_2C_2H_2O_2$）=1.56 g/mL。

2.3.10　三氯乙酸：w（$Cl_3C_2HO_2$）≥99%。

2.3.11　氢氧化钠淋洗液贮备液：ρ（NaOH）=1.53 g/mL。

准确称取 100.0 g 氢氧化钠（2.3.2），加入 100 mL 水，搅拌至完全溶解，于聚乙烯瓶中静置 24 h，密封保存 3 个月。亦可购买市售溶液。

注[1]：若氢氧化钠品质不好，自行配制该试剂时溶解性会存在问题，故建议使用市售溶液。

2.3.12 氢氧化钠溶液：ρ（NaOH）=4 g/L。

称取 1 g 氢氧化钠（2.3.2），用 250 mL 水溶解。

注[2]：如使用市售 50 wt%的氢氧化钠溶液时，称取 2 g 该氢氧化钠溶液，用 250 mL 水溶解。

2.3.13 氢氧化钠溶液：ρ（NaOH）=0.004 g/L。

量取 1.0 mL 氢氧化钠溶液（2.3.12），用水稀释至 1 L。

2.3.14 氯酸盐标准贮备液：ρ（ClO_3^-）=1 000 mg/L。

准确称取 0.129 0 g 氯酸钠（2.3.6），用少量水溶解后移入 100 mL 容量瓶，用水稀释定容至标线，混匀，转移至试剂瓶中，4℃以下冷藏保存，可保存 4 个月。亦可购买市售有证标准溶液。

注[3]：氯酸钠属于易制爆试剂，不易购置，建议直接购买市售有证标准溶液。

2.3.15 亚氯酸盐标准贮备液：ρ（ClO_2^-）≈1 000 mg/L。

准确称取 0.168 0 g 亚氯酸钠（2.3.7），用少量氢氧化钠溶液（2.3.13）溶解后移入 100 mL 容量瓶，用氢氧化钠溶液（2.3.13）稀释定容至标线，混匀，转移至试剂瓶中，4℃以下冷藏、避光保存，可保存 4 个月，使用前需进行标定。亦可购买市售有证标准溶液。

注[4]：标定步骤较为烦琐，建议直接购买市售有证标准溶液，并妥善保存。需关注亚氯酸盐标准溶液中氯酸盐存在情况，如亚氯酸标准溶液中含有氯酸盐时，则不能和氯酸盐标准溶液一起配制混合标准进行分析。

注[5]：亚氯乙酸标定方法（具体标定步骤和试剂配制参考 HJ 1050—2019 附录 A，以下为简要叙述）：量取 20 mL 亚氯酸盐标准贮备液（ρ =1 000 mg/L）倒入装有 80 mL 水的 250 mL 碘量瓶中，加入 1 g 碘化钾，振荡至完全溶解后，再加入 2.00 mL 盐酸溶液（c=2.5 mol/L），立即盖好瓶塞混匀。在暗处放置 5 min 后，用硫代硫酸钠溶液（c=0.1 mol/L）滴定至淡黄色，加入 2 mL 淀粉指示剂（ρ =5.0 g/L），继续滴定至蓝色刚好褪去。记录硫代硫酸钠溶液的消耗体积 V。按式（4-1）计算亚氯酸盐贮备液的质量浓度（mg/L）。

$$\rho(ClO_2^-) = \frac{V}{20} \times c \times 16.863 \times 1\ 000 \qquad (4\text{-}1)$$

式中：$\rho(ClO_2^-)$——亚氯酸盐标准贮备液的质量浓度，mg/L；

　　　　V——滴定亚氯酸盐时硫代硫酸钠的用量，mL；

　　　　c——硫代硫酸钠标准溶液浓度，mol/L。

2.3.16　溴酸盐标准贮备液：$\rho(BrO_3^-)$ =1 000 mg/L。

准确称取 0.117 0 g 溴酸钠（2.3.8），用少量水溶解后移入 100 mL 容量瓶，用水稀释定容至标线，混匀，转移至试剂瓶，4℃以下冷藏保存，可保存 4 个月。亦可购买市售有证标准溶液。

2.3.17　二氯乙酸标准贮备液：$\rho(DCAA)$ =1 000 mg/L。

准确量取 0.641 mL 二氯乙酸（2.3.9），用少量水稀释后移入 1 000 mL 容量瓶，用水稀释定容至标线，混匀，转移至试剂瓶中，4℃以下冷藏保存，可保存 4 个月。亦可购买市售有证标准溶液。

2.3.18　三氯乙酸标准贮备液：$\rho(TCAA)$ =1 000 mg/L。

准确称取 0.101 0 g 三氯乙酸（2.3.10），用少量水溶解后移入 100 mL 容量瓶，用水稀释定容至标线，混匀，转移至试剂瓶中，4℃以下冷藏保存，可保存 4 个月。亦可购买市售有证标准溶液。

注[6]：购买二氯乙酸和三氯乙酸市售有证标准溶液时，要注意买水溶态的，有机溶剂溶解的标准溶液用离子色谱测定时容易产生干扰。二氯乙酸和三氯乙酸具有挥发性，标准溶液保存时需注意密封和冷藏。

2.3.19　混合标准中间液。

准确量取 5.00 mL 氯酸盐标准贮备液（2.3.14），适量（约 2.00 mL）标定后的亚氯酸盐标准贮备液（2.3.15），2.00 mL 溴酸盐标准贮备液（2.3.16）、5.00 mL 二氯乙酸标准贮备液（2.3.17）和 10.0 mL 三氯乙酸标准贮备液（2.3.18）于 100 mL 容量瓶，用氢氧化钠溶液（2.3.13）定容至标线，混匀，其中 ClO_3^-、ClO_2^-、BrO_3^-、DCAA 和 TCAA 浓度分别为 50.0 mg/L、20.0 mg/L、20.0 mg/L、50.0 mg/L 和 100 mg/L，转移至试剂瓶，4℃以下冷藏、避光保存，可保存 14 d。

注[7]：可根据仪器响应情况调整混合标准中间液浓度。

2.3.20　混合标准使用液。

准确量取 10.0 mL 混合标准中间液（2.3.19）于 100 mL 容量瓶，用氢氧化钠溶液（2.3.13）稀释定容至标线，混匀，其中 ClO_3^-、ClO_2^-、BrO_3^-、DCAA 和 TCAA 浓度分别为 5.00 mg/L、2.00 mg/L、2.00 mg/L、5.00 mg/L 和 10.0 mg/L，转移至试

剂瓶，4℃以下冷藏、避光保存，可保存 7 d。

2.3.21 淋洗液。

2.3.21.1 碳酸盐淋洗液Ⅰ：$c(Na_2CO_3)$=0.6 mmol/L，$c(NaHCO_3)$=0.6 mmol/L。

准确称取 0.127 g 碳酸钠（2.3.4）和 0.101 g 碳酸氢钠（2.3.5），溶于适量水后转移至 2 000 mL 容量瓶，用水稀释定容至标线，混匀。

2.3.21.2 碳酸盐淋洗液Ⅱ：$c(Na_2CO_3)$=4.0 mmol/L，$c(NaHCO_3)$=0.6 mmol/L，9%乙腈。

准确称取 0.848 g 碳酸钠（2.3.4）和 0.336 g 碳酸氢钠（2.3.5），溶于适量水后转移至 2 000 mL 容量瓶，再添加 180 mL 乙腈（2.3.1），用水稀释定容至标线，混匀。

注[8]：也可根据色谱柱柱效或说明书上的使用条件调整淋洗液浓度，添加乙腈的目的是让二氯乙酸和亚硝酸根离子分离，有的色谱柱中这两种离子重叠，有的则不重叠，在有干扰的情况下可以考虑添加乙腈，如没有就不用添加。若淋洗液中添加乙腈后易产生气泡，需使用抽滤装置（2.4.3）去除。

2.3.21.3 氢氧根淋洗液。

2.3.21.3.1 氢氧根淋洗液Ⅰ：由淋洗液在线发生装置自动生成所需浓度。

2.3.21.3.2 氢氧根淋洗液Ⅱ：$c(OH^-)$=50 mmol/L。

准确量取 5.20 mL 氢氧化钠淋洗液贮备液（2.3.11）于 2 000 mL 容量瓶，用水稀释定容至标线，混匀后立即转移至淋洗液瓶中，可加氮气（2.3.22）保护，以缓解碱性淋洗液因吸收空气中的 CO_2 而失效，由梯度泵自动稀释至所需浓度。

2.3.22 氮气：纯度≥99.999%。

2.3.23 微孔滤膜：醋酸纤维或聚乙烯，孔径≤0.45 μm。

2.4 仪器和设备

2.4.1 离子色谱仪：具有电导检测器、抑制器。若使用氢氧根淋洗液，需配有淋洗液在线发生装置或二元及以上梯度泵。

注[9]：若使用电化学连续再生抑制器，淋洗液中添加有机溶剂后可能会影响基线稳定性，故此时抑制器再生液最好用去离子水。

2.4.2 色谱柱

2.4.2.1 阴离子分离柱Ⅰ：填料为聚苯乙烯/二乙烯基苯基质、聚乙烯醇等高聚物基质，烷基季铵或烷醇季铵等官能团，配相应阴离子保护柱，适用于碳酸盐淋洗液；或其他等效阴离子色谱柱。

2.4.2.2　阴离子分离柱Ⅱ：填料为聚苯乙烯/二乙烯基苯，烷醇基季铵等官能团，配相应阴离子保护柱，适用于氢氧根淋洗液；或其他等效阴离子色谱柱。

注[10]：选择色谱柱时需根据色谱柱说明书，选择能够有效分离消毒副产物的色谱柱。

2.4.3　抽滤装置：配备微孔滤膜（2.3.23）使用。

2.4.4　样品瓶：聚乙烯等塑料材质。测定亚氯酸盐时，应用锡纸包裹等方式避光使用。

2.4.5　针式微孔滤膜过滤器：亲水材质，0.22 μm。

2.4.6　注射器：1～10 mL。

2.4.7　阴离子净化柱：Na 型、Ag 型和 Ba 型，规格：1 g。

2.4.8　有机物净化柱：C_{18} 或同类净化柱，规格：1 g 或 2.5 g。

注[11]：Ag 型净化柱一般都是 Ag/Na 柱或 Ag/H 柱这样的混合柱，为避免水样过柱后 pH 的变化，Ag 型净化柱一般使用 Ag/Na 柱。使用前处理净化柱过滤时可选用 1～2 mL 的小体积注射器，以减小阻力，严格控制过滤流速，防止 Ag^+ 进入样品，污染色谱柱。

2.4.9　一般实验室常用仪器和设备。

2.5　前处理

2.5.1　试样的制备

样品可经针式微孔滤膜过滤器过滤后直接测定。

（1）氯离子可能干扰溴酸盐或二氯乙酸的测定。若发生色谱峰重叠，样品前处理时可用 Ag/Na 柱去除干扰；硫酸根离子可能干扰三氯乙酸测定。若发生色谱峰重叠，样品前处理时可用 Ba 柱去除干扰，或通过降低淋洗液浓度实现有效分离。

Ag/Na 柱和 Ba 柱活化步骤：用注射器抽取 10 mL 实验用水，以 2～4 mL/min 慢速过柱，静置平放 30 min 后使用。取适量样品，以同样的速度过柱，弃去 3 倍柱体积的初滤液后直接测定。

（2）亚硝酸盐可能干扰二氯乙酸测定。若发生色谱峰重叠，可通过降低淋洗液浓度、调整柱温或乙腈加入量实现有效分离。

（3）梯度上升过快会导致 TCAA 出峰时间延后，与硫酸盐重合，影响测定。

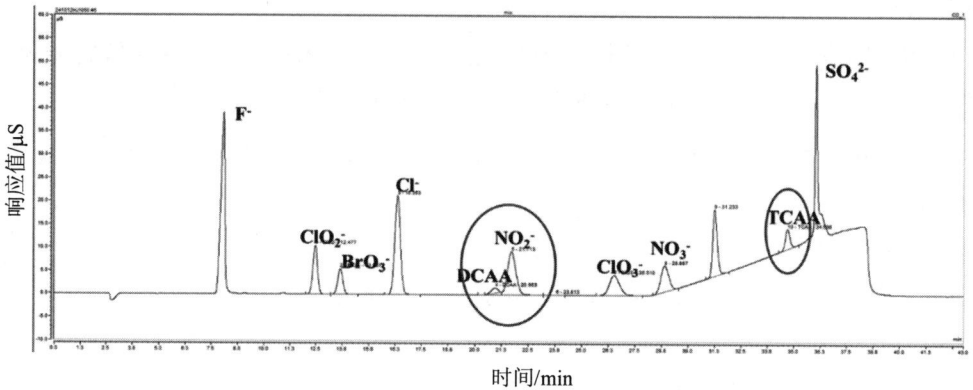

图 4-1 常见阴离子和目标化合物标准溶液离子色谱图

（4）样品中的还原性离子会使亚氯酸盐测定结果偏低，可通过添加硫脲（2.3.3）掩蔽。样品中存在高浓度的二氧化氯对分析有影响，可通过吹入氮气和加入硫脲消除干扰。

（5）疏水性有机物会影响离子色谱分离柱使用寿命。若样品中疏水性有机物含量较高，可用有机物净化柱过滤处理后直接测定。有机物净化柱使用前需按照说明书依次用色谱纯甲醇和实验用水活化。

2.5.2 空白试样的制备

用实验用水代替样品，按照与试样的制备（2.5.1）相同步骤进行实验室空白试样的制备。

2.6 分析测试

2.6.1 仪器参考条件

（1）碳酸盐系统

阴离子分离柱 I（2.4.2.1），抑制器，电导检测器，进样体积：200 μL。

碳酸盐淋洗液 I（2.3.21.1），流速：1.3 mL/min，柱温：25℃。

或碳酸盐淋洗液 II（2.3.21.2），流速：1.0 mL/min，柱温：45℃。

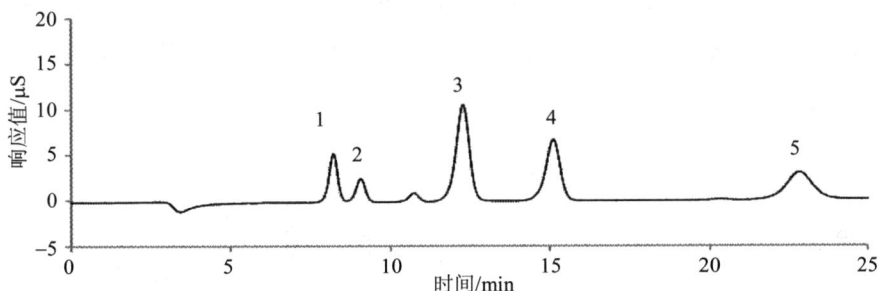

1—ClO_2^-；2—BrO_3^-；3—DCAA；4—ClO_3^-；5—TCAA。

图 4-2　目标化合物标准溶液离子色谱图（碳酸盐体系Ⅰ）

注：$\rho(ClO_3^-)$ =1.00 mg/L；$\rho(ClO_2^-)$ =0.400 mg/L；$\rho(BrO_3^-)$ =0.400 mg/L；$\rho(DCAA)$ = 1.00 mg/L；$\rho(TCAA)$ =2.00 mg/L。

（2）碳酸盐系统

阴离子分离柱Ⅰ（2.4.2.1），抑制器，电导检测器，进样体积：200 μL。

或碳酸盐淋洗液Ⅱ（2.3.21.2），流速：1.0 mL/min，柱温：45℃。

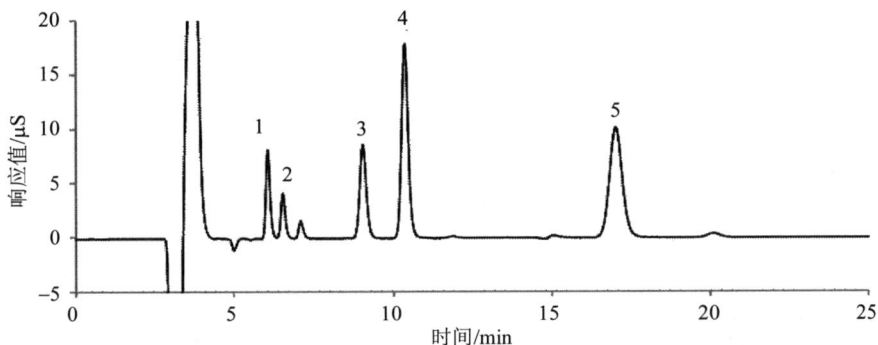

1—ClO_2^-；2—BrO_3^-；3—DCAA；4—ClO_3^-；5—TCAA。

图 4-3　目标化合物标准溶液离子色谱图（碳酸盐体系Ⅱ）

注：$\rho(ClO_3^-)$ =0.800 mg/L；$\rho(ClO_2^-)$ =0.200 mg/L；$\rho(BrO_3^-)$ =0.200 mg/L；$\rho(DCAA)$ =0.400 mg/L；$\rho(TCAA)$ =2.00 mg/L。

（3）淋洗液在线发生氢氧根系统

若有淋洗液在线发生装置可自动生成氢氧根淋洗液Ⅰ（2.3.21.3.1）；阴离子分离柱Ⅱ（2.4.2.1），流速：1.0 mL/min，电导池温度：30℃，柱温：30℃，进样体积：200 μL。

氢氧根淋洗体系梯度淋洗条件：$0 \sim 18$ min 时 $c(OH^-)$ 为 5 mmol/L，$18 \sim 30$ min 时 $c(OH^-)$ 由 5 mmol/L 升至 45 mmol/L，$30.1 \sim 35$ min 时 $c(OH^-)$ 为 5 mmol/L。

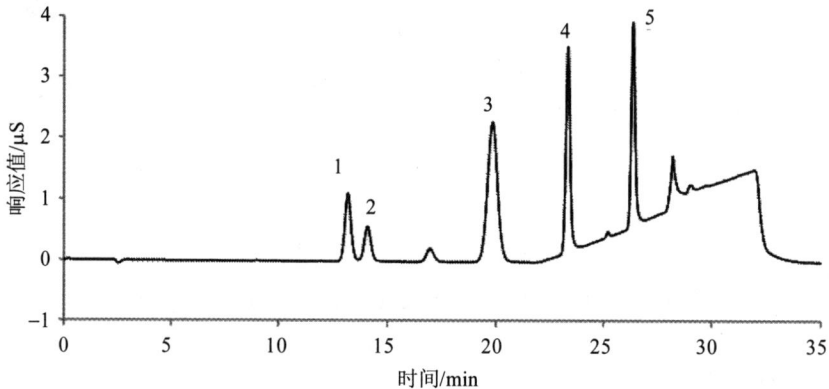

1—ClO_2^-；2—BrO_3^-；3—DCAA；4—ClO_3^-；5—TCAA。

图 4-4　目标化合物标准溶液离子色谱图（淋洗液在线发生氢氧根系统）

注：$\rho(ClO_3^-)$ 1.00 mg/L；$\rho(ClO_2^-)$ =0.400 mg/L；$\rho(BrO_3^-)$ =0.400 mg/L；$\rho(DCAA)$ =1.00 mg/L；$\rho(TCAA)$ =2.00 mg/L。

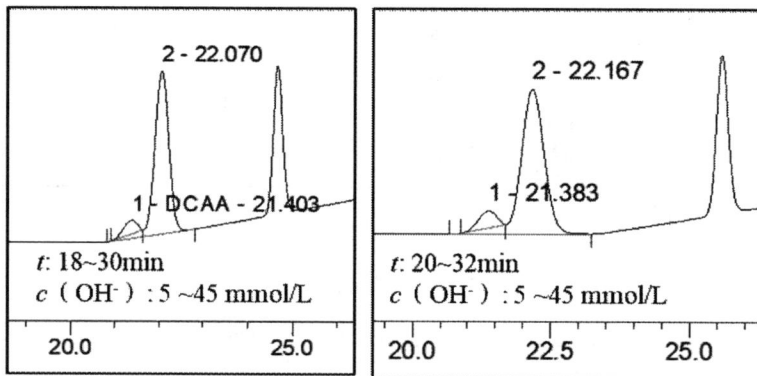

图 4-5　不同梯度下 DCAA 出峰情况

注[12]：如果遇到 DCAA 峰的基线不处于水平状态，可以适当延后淋洗液 OH^- 浓度升高的时间。

注[13]：如使用室温作为柱温，需要保证室温的稳定，温度波动会导致目标物离子的保留时间发生偏移。

（4）梯度泵自动稀释氢氧根系统

若通过梯度泵自动稀释，流动相 A 为实验用水，流动相 B 为氢氧根淋洗液 II（2.3.21.3.2），分析条件具体见表 4-1。

表 4-1　氢氧根淋洗液梯度淋洗条件

时间/min	A/%	B/%
0	90	10
18	90	10
30	10	90
30.1	90	10
40	90	10

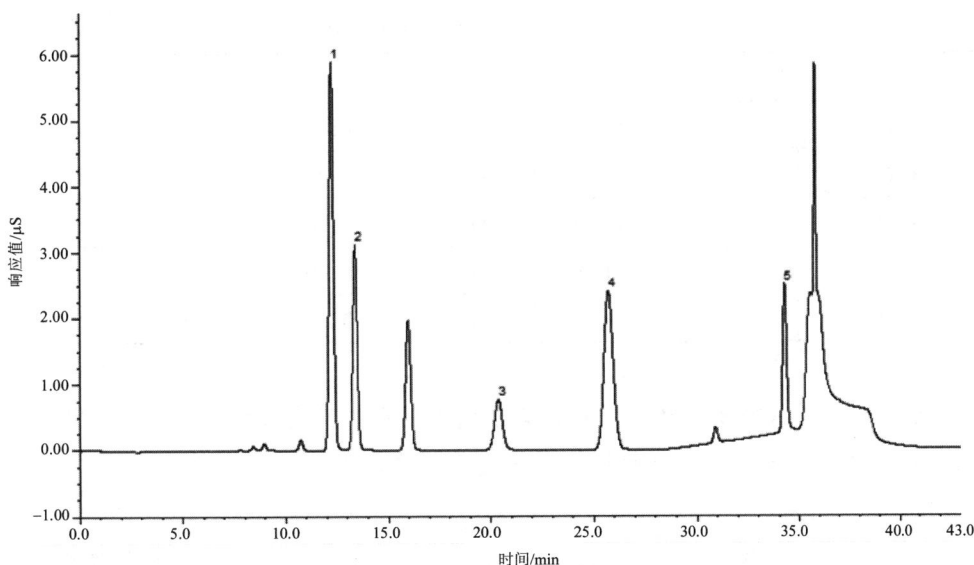

1—ClO_2^-；2—BrO_3^-；3—DCAA；4—ClO_3^-；5—TCAA。

图 4-6　目标化合物标准溶液离子色谱图（梯度泵自动稀释氢氧根系统）

注：$\rho(ClO_3^-)$=1.00 mg/L；$\rho(ClO_2^-)$=1.00 mg/L；$\rho(BrO_3^-)$=1.00 mg/L；$\rho(DCAA)$=1.00 mg/L；$\rho(TCAA)$=2.00 mg/L。

注[14]：使用梯度泵时，为保证相邻样品间基线稳定，故在 35 min 后延长分析时间至 40 min。在梯度淋洗过程中，必须保证相邻样品间基线稳定，一般稳定时间在 8～10 min。

注[15]：若使用市售氢氧化钠溶液，氢氧化钠浓度会随着空气中二氧化碳的融入而发生变化，导致淋洗液 OH^- 浓度的变化，分析时需注意干扰离子和目标离子的分离度。

2.6.2　校准曲线的建立

分别准确移取 0 mL、0.25 mL、0.50 mL、1.00 mL、2.50 mL、10.00 mL 混合标准使用液（2.3.20）于一组 50 mL 容量瓶中，用氢氧化钠溶液（2.3.13）稀释定容至标线，混匀。标准系列参考浓度见表 4-2。按照仪器参考条件（2.6.1），按照由低浓度到高浓度的顺序依次测定。以各离子的质量浓度（mg/L）为横坐标，峰高或峰面积为纵坐标，建立校准曲线。

表 4-2　标准系列参考质量浓度　　　　　　　　单位：mg/L

目标化合物	1	2	3	4	5	6
ClO_3^-	0	0.025	0.050	0.100	0.250	1.00
ClO_2^-	0	0.010	0.020	0.040	0.100	0.400
BrO_3^-	0	0.010	0.020	0.040	0.100	0.400
DCAA	0	0.025	0.050	0.100	0.250	1.00
TCAA	0	0.05	0.10	0.20	0.50	2.00

注[16]：可根据被测样品中目标离子的浓度水平确定合适的标准系列浓度范围。如样品浓度较低，标准曲线整体浓度不宜过高。

2.6.3　试样的测定

按照与建立校准曲线相同的条件和步骤进行试样的测定。如果试样浓度高于标准曲线最高点浓度，也可用氢氧化钠溶液（2.3.13）将试样稀释后测定，记录稀释倍数 f。

2.6.4　空白试验

按照与试样测定相同的条件和步骤进行空白试样的测定。

2.7　结果的计算与表示

2.7.1　定性分析

根据样品中目标化合物的保留时间定性。

2.7.2　结果计算

样品中 5 种目标化合物（氯酸盐、亚氯酸盐、溴酸盐、二氯乙酸和三氯乙酸）的质量浓度（mg/L），按照式（4-2）进行计算。

$$\rho_i = \rho_{is} \times f \tag{4-2}$$

式中：ρ_i——样品中第 i 种目标化合物的质量浓度，mg/L；

$\quad\quad\rho_{is}$——由标准曲线得到的第 i 种目标化合物的质量浓度，mg/L；

$\quad\quad f$——稀释倍数。

2.7.3　结果表示

测定结果小数点后位数的保留与方法检出限一致，最多保留 3 位有效数字。

2.8　质量保证和质量控制

2.8.1　空白试验

每 10 个或每批次样品（少于 10 个）应至少做 1 个空白试样分析，空白试样测定结果应低于方法检出限。否则应查明原因，重新分析直至合格之后才能测定样品。

2.8.2　校准曲线

采用至少 6 个浓度（含零浓度点）建立校准曲线，校准曲线的相关系数 $r \geqslant 0.999$，否则重新绘制校准曲线。

2.8.3　连续校准

每 20 个或每批次样品（少于 20 个）应分析一个标准曲线中间点浓度的标准溶液，其测定结果与标准曲线该点浓度之间的相对误差应在 ±15% 以内，否则应重新建立校准曲线。

2.8.4　精密度控制

每 20 个或每批次样品（少于 20 个）应至少测定 10% 的平行双样，样品数量少于 20 时，应至少测定一个平行双样，平行双样测定结果的相对偏差应 ≤35%。

2.8.5　正确度控制

　　每 20 个或每批次样品（少于 20 个）应至少做 1 个加标回收测定或有证标准物质测定。其中，加标回收率应控制在 65%～130%，标准物质测定值应在其给出的不确定范围内。

3　数据审核要点

3.1　管理需求

　　（1）国际方面

　　相关国家或组织对消毒副产物的饮用水限值要求详见表 4-3。大多数国家和国际组织都将溴酸盐的限量要求设定在 10 μg/L，与我国的国家标准相一致，体现了对饮用水安全的共同关注和要求。欧盟对二氧化氯等产生氯酸盐的消毒方法进行消毒时氯酸盐的限值为 0.70 mg/L，其他情况下，氯酸盐的限值为 0.25 mg/L。不同国家和组织对卤乙酸的限值要求存在区别，其中欧盟和 USEPA 的要求较为严格，为一氯乙酸、二氯乙酸和三氯乙酸，以及一溴乙酸和二溴乙酸 5 种卤乙酸总和低于 60 μg/L。日本则在 2019 年将卤乙酸的限值强化为 30 μg/L。

表 4-3　国际上消毒副产物的饮用水限值要求

国家/组织	限值/（μg/L）					来源
	溴酸盐	亚氯酸盐	氯酸盐	二氯乙酸	三氯乙酸	
世界卫生组织（WHO）	10	700	700	50	200	饮用水水质准则（第四版）
欧盟	10	—	250；700（二氧化氯等产生氯酸盐的消毒方法进行消毒）	60（一氯乙酸、二氯乙酸和三氯乙酸，以及一溴乙酸和二溴乙酸总和）		饮用水水质指令（No. 2020/2184）
美国国家环境保护局（USEPA）	10	—	—	60（一氯乙酸、二氯乙酸和三氯乙酸，以及一溴乙酸和二溴乙酸总和）		国家饮用水法规（NPDWR）
日本	10	—	—	30	30	饮用水水质基准
澳大利亚、新西兰、韩国、新加坡、泰国等	10	—	—	—	—	—

（2）国内方面

《生活饮用水卫生标准》（GB 5749—2022）规定生活饮用水中溴酸盐的限值为 0.01 mg/L（10 μg/L）；亚氯酸盐的限值为 0.7 mg/L；氯酸盐的限值为 0.7 mg/L；二氯乙酸的限值为 0.05 mg/L；三氯乙酸的限值为 0.1 mg/L。除了三氯乙酸外，其余消毒副产物的限值与 WHO《饮用水水质准则》（第四版）一致。

《食品安全国家标准　包装饮用水》（GB 19298—2014）规定包装饮用水中溴酸盐的限值为 0.01 mg/L（10 μg/L）。这一标准适用于直接饮用的包装饮用水，包括矿泉水、纯净水等。《食品安全国家标准　饮用天然矿泉水》（GB 8537—2018）规定了饮用天然矿泉水中溴酸盐的限值为 0.01 mg/L（10 μg/L）。而欧盟对于经臭氧处理的天然矿泉水和泉水中溴酸盐的限值要求相对严格，最大容许浓度为 0.003 mg/L（3 μg/L）。

表 4-4　国内消毒副产物的饮用水限值要求

来源	限值/（μg/L）				
	溴酸盐	亚氯酸盐	氯酸盐	二氯乙酸	三氯乙酸
《生活饮用水卫生标准》（GB 5749—2022）	10	700	700	50	100
《食品安全国家标准　包装饮用水》（GB 19298—2014）	10	—	—	—	—
《食品安全国家标准　饮用天然矿泉水》（GB 8537—2018）	10	—	—	—	—

3.2　水环境介质中含量水平

在天然水体中，消毒副产物的含量通常很低。二氯乙酸、三氯乙酸等卤代乙酸通常在氯气、氯胺和二氧化氯消毒过程中产生，氯气消毒最易生成。当原水中溴化物浓度超过 50 μg/L 时，臭氧消毒的氧化过程中会形成溴酸盐。氯酸盐、亚氯酸盐等消毒副产物一般是二氧化氯消毒剂和饮用水中的天然有机物和无机物在中性或碱性条件下反应生成的。经调研，国内外部分水体中消毒副产物的检出情况详见表 4-5。

表 4-5　国内外部分水体中消毒副产物浓度情况

环境水体	浓度范围/（μg/L）					来源
	BrO_3^-	ClO_2^-	ClO_3^-	DCAA	TCAA	
北京饮用水厂源水	0.6～2.2	—	—	—	—	环境科学，2004，25（2）：51-55
北京饮用水	—	0.041 8～0.050 9	0.054 5～0.061 0	—	—	城镇供水，2016，1（12）：47-51
杭州水厂源水	ND	ND	ND	ND	ND	中国无机分析化学，2018，8（3）：4-7
杭州水厂出水	ND	ND	ND～9.3	ND	ND～7.1	
石河子市河流	—	—	—	ND～0.26	—	
大连市河流	—	—	—	6	6	
福鼎市	—	—	—	0.12～2.56	0.16～2.45	中国环境科学，2021，41（4）：1806-1814
常州市	—	—	—	1.00～2.00	0.5	
广州市河流	—	—	—	0.09～0.13	0.01～12.61	
广州市水库	—	—	—	0.01～0.02	0.10～0.13	
辽宁细河浅层地下水	15～31	—	—	ND～0.26	—	环境化学，2009，28（6）：924-928
英国地下水蓄水层	2 000	—	—	—	—	Crit Rev Environ Sci Technol，2005，35（3）：193-217
美国洛杉矶两处水库	68、106	—	—	—	—	Chem. Eng. News，2007，85（52）：9
菲律宾马尼拉自来水	7～138	—	—	—	—	Arch. Environ. Contam. Toxicol，2012，62（3）：369-379
菲律宾马尼拉河流	15～80	—	—	—	—	
菲律宾马尼拉地下水	246	—	—	—	—	

3.3　数据审核

（1）同时检出较高浓度卤乙酸和三卤甲烷的判断

采样点位可能设置在加氯后，尤其是部分早期建设的以地下水为源水的自来水厂。核实采样点位，如实在不具备加氯前源水采样条件的，需做好备注。

（2）阳性检出结果的判断

同一批次样品中均检出消毒副产物，且浓度相同或者相近。

图 4-7 为某次水源地 BrO_3^- 监测结果，根据标准曲线计算得本批次 5 个样品中 BrO_3^- 的浓度均为 0.004 mg/L。在这种情况下，①考虑曲线范围是否合适；曲线截距是否有问题；仪器的灵敏度是否满足要求。②在计算过程中应采用仪器自动定量的方式来计算样品结果，避免出现水源地 2 样品中未出峰有检出的情况。③核查谱图，排除积分参数设置不当或者基线不稳定造成的样品峰积分不正确的情况（如水源地 1 的峰面积为 0.000 1）。如积分参数设置不当，应调整积分参数重新进行积分。如是基线不稳定造成的假阳性，则应排查分析过程中造成基线不稳定的原因，并重新分析样品。④若标准曲线截距偏大，在峰积分值很小的情况下也会造成样品计算结果高于检出限，可以根据样品结果调整曲线范围并重新绘制曲线。

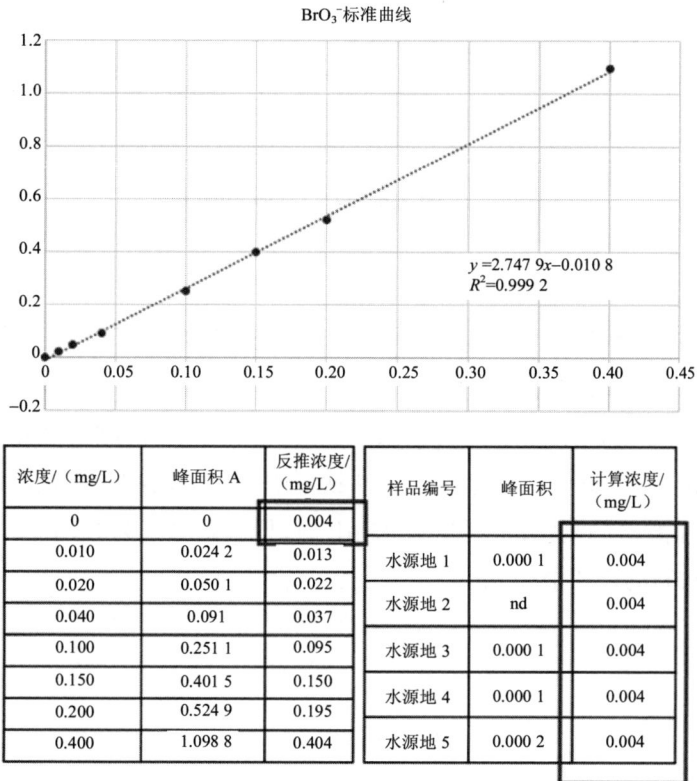

BrO_3^- 标准曲线

$y = 2.747\ 9x - 0.010\ 8$
$R^2 = 0.999\ 2$

浓度/（mg/L）	峰面积 A	反推浓度/（mg/L）	样品编号	峰面积	计算浓度/（mg/L）
0	0	0.004			
0.010	0.024 2	0.013	水源地 1	0.000 1	0.004
0.020	0.050 1	0.022	水源地 2	nd	0.004
0.040	0.091	0.037			
0.100	0.251 1	0.095	水源地 3	0.000 1	0.004
0.150	0.401 5	0.150	水源地 4	0.000 1	0.004
0.200	0.524 9	0.195			
0.400	1.098 8	0.404	水源地 5	0.000 2	0.004

图 4-7　BrO_3^- 监测结果

（3）二氯乙酸明显检出

样品中二氯乙酸明显检出时，可以在样品中加入 NO_2^- 标准溶液来观察其是否对二氯乙酸的分析产生了干扰。如图 4-8（1）所示，如果加入后仅为一个峰，则说明 NO_2^- 对 DCAA 产生干扰，需要通过更换色谱柱、降低淋洗液浓度、调整柱温或乙腈加入量实现 NO_2^- 和 DCAA 有效分离。如图 4-8（2）所示，如果加入后为两个峰，则说明 NO_2^- 和 DCAA 实现了有效分离，疑似峰为 DCAA。

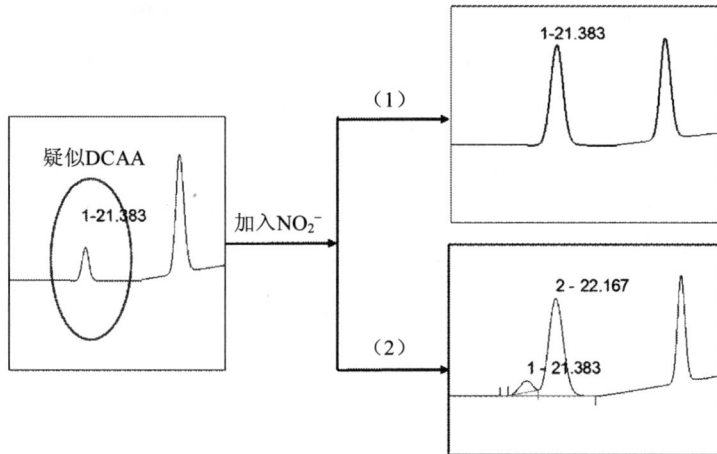

图 4-8 NO_2^- 加标谱图

（4）质谱法排除假阳性

有条件的实验室可以通过质谱法来检测消毒副产物，主要方法有两种。

①高效液相色谱-质谱法

参考《生活饮用水标准检验方法   第 10 部分：消毒副产物指标》（GB/T 5750.10—2023）。该方法可适用于生活饮用水中二氯乙酸、三氯乙酸、溴酸盐、氯酸盐和亚氯酸盐的测定，进样量为 25 μL 时，检出限分别为 8.1 μg/L、10.0 μg/L、2.5 μg/L、20.0 μg/L 和 19.0 μg/L。

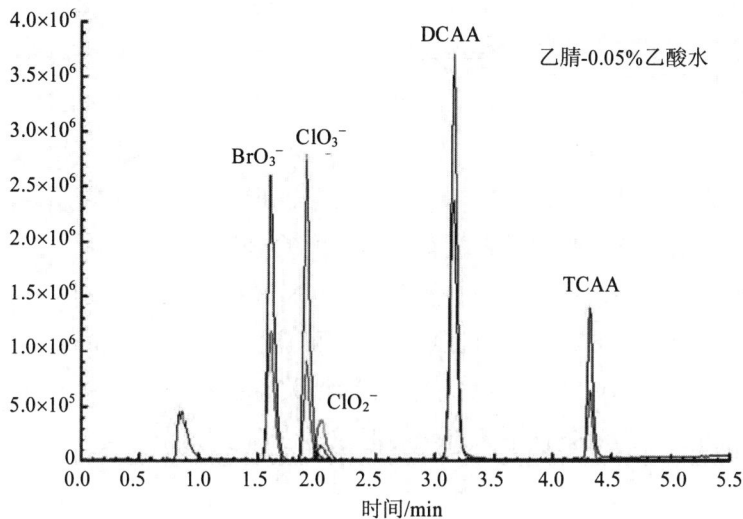

图 4-9　目标物标准色谱图（HPLC-MS/MS）

②离子色谱-质谱法

参考《饮用水中的卤代乙酸、溴酸盐和茅草枯的测定》（US EPA Method 557）。

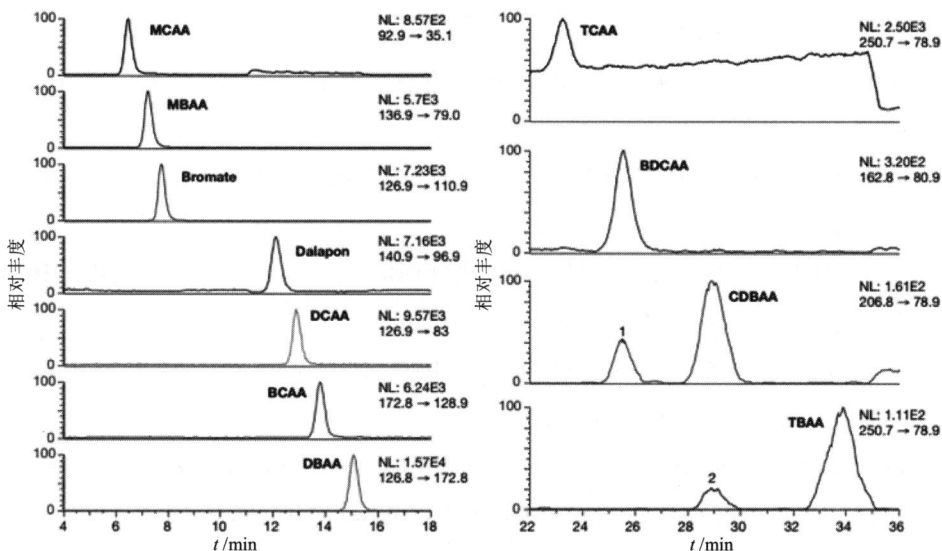

图 4-10　目标物标准色谱图（IC-MS/MS）

（5）根据消毒复产物产生条件判断消毒副产物数据合理性

①溴酸盐的来源一般为溴化物被臭氧氧化，臭氧氧化过程中溴酸根离子的生成途径有两种：一是由臭氧氧化溴离子产生；二是羟基自由基（—OH）活性氧氧化 Br⁻生成。水中溴化物的浓度一般为 10～1 000 μg/L。当浓度＜20 μg/L，一般不会形成溴酸盐。浓度为 50～100 μg/L，就有可能形成。因此当样品中溴酸盐浓度较高时，可以核查该样品中是否含有较高浓度的 Br⁻。

②氯化消毒剂易与原水中的自然有机质（NOM）反应产生消毒副产物。天然有机质含量较为丰富的水体,通过氯化消毒,可能会产生浓度较高的消毒副产物。根据研究，TOC 和 UV-254 与卤乙酸前体物相关性较好，pH 对卤乙酸形成的影响较小且呈负相关，高温条件下卤乙酸的形成能力高于低温。

参考文献

[1]   国家标准化管理委员会. 生活饮用水标准检验方法　第 10 部分：消毒副产物指标：GB/T 5750.10—2023[S]. 2023.

[2]   生态环境部. 水质　氯酸盐、亚氯酸盐、溴酸盐、二氯乙酸和三氯乙酸的测定　离子色谱法：HJ 1050—2019[S]. 2023.

[3]   刘勇建，牟世芬，林爱武，等. 北京市饮用水中溴酸盐、卤代乙酸及高氯酸盐研究[J]. 环境科学，2004，25（2）：51-55.

[4]   崔艳梅. 离子色谱法检测生活饮用水中的亚氯酸盐和氯酸盐[J]. 城镇供水，2016，1（12）：47-51.

[5]   刘铮铮，杨寅森，王静，等. 离子色谱法测定水中常见阴离子和消毒副产物[J]. 中国无机分析化学，2018，8（3）：4-7.

[6]   罗莹，刘娜，孙善伟，等. 我国地表水中典型 DBPs 的暴露水平及生态风险[J]. 中国环境科学，2021，41（4）：1806-1814.

[7]   杨永亮，刘崴，刘晓端，等. 辽宁省西部和沈阳地区河水及地下水中溴的分布与污染特征[J]. 环境化学，2009，28（6）：924-928.

[8]   Butler R，Godley A，Lytton L，et al. Bromate environmental contamination：Review of impact and possible treatment[J]. Critical Reviews in Environmental Science and Technology，2005，35（3）：193-217.

[9]   Kemsley J. Bromate in Los Angeles water[J]. Chemical & Engineering News，2007，85（52）：9.

[10] Genuino H C，Espino M P B. Occurrence and sources of bromate in chlorinated tap drinking water in Metropolitan Manila，Philippines[J]. Archives of Environmental Contamination and Toxicology，2012，62（3）：369-379.

第 5 章　高氯酸盐的测定

1　基本概况

1.1　理化性质

　　高氯酸盐是一种有毒的无色晶体状无机化学物质，它的种类主要包括高氯酸钠、高氯酸钾、高氯酸锂和高氯酸铵。高氯酸根的分子式为 ClO_4^-，氯离子为+7价态。高氯酸盐分子中有 4 个氧原子包围着中心的一个氯原子，高氯酸盐分子形成一个四面体结构，此构型中键与键之间结合紧密且牢固，使得氯原子很难与来自外界并具有一定还原性的物质发生反应（图 5-1）。ClO_4^-离子具有动力学稳定性，其在室温下不能自发地还原成氯化物，其强氧化性也只能在高浓度的强酸下才能表现出来。在高温条件下的高氯酸盐固体会表现出强氧化性。另外，ClO_4^-的弱氧化性与离子结构的高度对称性有关，这使其在水溶液中非常稳定，其与金属离子结合的倾向性很弱。

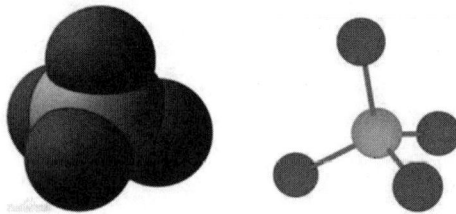

图 5-1　高氯酸盐的结构式

　　多数高氯酸盐易溶于水，铷、铯及铵的高氯酸盐溶解度较小，仅溶于热水中。高氯酸盐可用作氧化剂，与易燃物质或还原剂接触时，可以促进燃烧反应。高氯酸镁或高氯酸钡可用作高效脱水剂。由于高氯酸盐在水中的溶解性较大，在大多数土壤和矿物质上的吸附较弱，一旦进入环境介质就会随地下水和地表水快速迁移扩散，从而造成大面积的地下水和地表水污染。此外高氯酸盐离子主要是惰性，不容易氧化，大多数高氯酸盐尤其是电正性金属（如高氯酸钠）相对较稳定，将其降解往往需要几十年甚至更长的时间。

1.2　环境危害

1.2.1　高氯酸盐的来源与污染途径

环境中高氯酸盐主要来源于大气中的自然生成和人为活动产生。

（1）自然源

大气源中的高氯酸盐在环境中占据一定的比例，有研究表明，在干旱或半干旱条件下，空气中的氯离子和 O_3 发生氧化反应可生成高氯酸根。由于 Cl^- 较高的自然丰度和 O_3 在大气中普遍存在，高氯酸根在环境中能够自发且大量生成。

（2）人为源

人为活动过程中生产和使用的高氯酸盐是环境中高氯酸盐的主要来源。大多数化工厂利用热解氯酸钾法和铂阳极电解氯酸钾饱和溶液法制备得到高氯酸盐。高氯酸盐普遍使用于军事、农业和工业等领域。高氯酸盐主要作为火箭、导弹、焰火等的固体氧化剂，化肥的原料，皮革加工、汽车安全气囊、橡胶制造、涂料和润滑油生产等的添加剂。其中，有许多以高氯酸盐作为原料用于烟花制造，因此在烟花的制作与燃放过程中会释放出大量的高氯酸盐污染物。高氯酸盐储藏寿命有限，商家会将临期或过期商品不经过任何处理手段丢弃在环境中。同时，高氯酸铵是一种常用的固体火箭推进剂中的氧化剂，广泛应用于各种火箭和导弹中；高氯酸锂加热时会分解，释放出氧气，可用于航天、潜水等其他紧急情况或需要可靠氧气供应的环境中。

1.2.2　高氯酸盐的危害

（1）高氯酸盐对人体的危害

高氯酸盐由于其特殊的理化性质，可以被动植物吸收和积累，然后通过食物链进入人体。低浓度的高氯酸盐进入人体后就可对人体甲状腺的正常功能造成干扰；高氯酸盐会与碘的吸收产生竞争，使得人体甲状腺激素的正常合成受到干扰。同时，高氯酸盐对儿童的生长发育会造成不良影响，对胎儿和婴幼儿的大脑发育影响尤为严重，对大脑组织和中枢神经也会造成影响，严重时可导致脑瘫、呆小症等严重病症。研究表明，暴露于高氯酸盐环境会对人体的正常生理代谢过程带来极大的威胁。高氯酸盐可以粉尘的形式从呼吸系统进入人体内，会引起咳嗽和呼吸障碍；高氯酸盐粉尘还会刺激人的皮肤和眼睛。

（2）高氯酸盐对动植物的危害

高氯酸盐对水生生物的毒害效应与生物物种有关。高氯酸盐浓度较低可促进水生生物生长，过高则对其生长有抑制作用。高氯酸盐会使斑马鱼幼鱼甲状腺功能减退、甲状腺组织形态上发生改变。高氯酸盐对小鼠具有一定的遗传损伤作用。高氯酸钾降解过程中产生的中间产物氯酸钾对水稻、野生稻和龙眼植株等农作物具有明显的胁迫效应，氯酸盐和锰毒的复合污染具有协同效应，氯酸盐污染会加重水稻铁、锰营养失调从而使水稻"烧苗"症状加重。高氯酸盐迁移转化见图5-2。

图 5-2　高氯酸盐迁移转化

2　监测方法解读

2.1　参考标准

《生活饮用水标准检验方法　第 5 部分：无机非金属指标》（GB/T 5750.5—2023）

《全国集中式饮用水水源水质专项调查作业指导书》（2024—2026年）

《水质　高氯酸盐的测定　离子色谱法》（DB43/T 2957—2024）

2.2　分析方法原理

样品中的高氯酸盐经阴离子色谱柱交换分离，电导检测器检测，根据保留时间定性，峰高或峰面积定量。

当进样体积为 500 μL，采用碳酸盐淋洗体系时，方法检出限为 0.004 mg/L，测定下限为 0.016 mg/L；当进样体积为 500 μL，采用氢氧根淋洗体系时，方法检出限为 0.005 mg/L，测定下限为 0.020 mg/L。

2.3　试剂和材料

除非另有说明，分析时均使用符合国家标准的分析纯试剂，实验用水为不含目标化合物，且电阻率≥18.2 MΩ/cm（25℃）的去离子水。

2.3.1　高氯酸盐钠水合物（$NaClO_4 \cdot H_2O$）：纯度＞98%。

2.3.2　氢氧化钾（KOH）：优级纯。

2.3.3　碳酸钠（Na_2CO_3）：使用前应于 105℃±5℃条件下干燥 2 h，置于干燥器内保存。

2.3.4　碳酸氢钠（$NaHCO_3$）：使用前应置于干燥器内平衡 24 h。

2.3.5　甲醇（CH_3OH）：色谱纯。

2.3.6　高氯酸盐标准储备溶液［ρ（ClO_4^-）=1 000.0 mg/L］：准确称取 1.412 0 g 高氯酸盐钠水合物溶于适量水中，全量转入 1 000 mL 容量瓶中，用水定容至标线，混匀，转移至试剂瓶中，常温下可保存 1 个月。亦可购买市售有证标准物质。

2.3.7　高氯酸盐标准使用液［ρ（ClO_4^-）=10.00 mg/L］：

准确移取 1.00 mL 高氯酸盐标准储备溶液（2.3.6）于 100 mL 容量瓶中，用水定容至标线，混匀，转移至试剂瓶中，常温下可保存 1 个月。

2.3.8　淋洗液。

2.3.8.1　碳酸盐淋洗液：c（Na_2CO_3）=4.5 mmol/L，c（$NaHCO_3$）=1.4 mmol/L。

准确称取 0.954 0 g 碳酸钠（2.3.3）和 0.235 2 g 碳酸氢钠（2.3.4），溶于少量水中，全量转移至 2 000 mL 容量瓶中，用水定容至标线，混匀后立即转移至淋洗液瓶。

2.3.8.2　氢氧根淋洗液

氢氧根淋洗液Ⅰ：由淋洗液在线发生装置自动生成所需浓度。

氢氧根淋洗液Ⅱ：c（KOH）=40 mmol/L。

准确称取 4.480 0 g 氢氧化钾（2.3.2），溶于少量水中，全量转移至 2 000 mL 容量瓶中，用水定容至标线，混匀后立即转移至淋洗液瓶。

2.4　仪器和设备

2.4.1　样品瓶：聚乙烯等塑料材质或玻璃材质，容积不少于 40 mL。

2.4.2　离子色谱仪：具有电导检测器、抑制器。

2.4.3　色谱柱

阴离子色谱柱Ⅰ：填料为聚苯乙烯/二乙烯基苯等高聚物基质，具有烷基/烷醇基季铵盐离子交换基团，配相应阴离子保护柱，或其他等效阴离子色谱柱，适用于碳酸盐淋洗液。

阴离子色谱柱Ⅱ：填料为聚乙基乙烯基苯/二乙烯基苯，具有季铵盐离子交换基团，配相应阴离子保护柱，或其他等效阴离子色谱柱，适用于氢氧根淋洗液。

2.4.4　注射器：1～10 mL。

2.4.5　水系针式微孔滤膜过滤器：孔径 0.45 μm，醋酸纤维、聚乙烯及聚醚砜等材质。

2.4.6　离子净化柱：Na 型、Ag 型和 Ba 型，规格：1.0～2.4 g。

2.4.7　有机物净化柱：C_{18} 或同类净化柱，规格：0.5～2.0 g。

2.4.8　一般实验室常用仪器和设备。

2.5　前处理

2.5.1　试样的制备

样品经水系针式微孔滤膜过滤器过滤后可直接测定。

若样品中存在较高浓度金属离子、氯离子或硫酸根离子，可使用离子净化柱净化去除。先用注射器抽取 10 mL 实验用水洗涤净化柱后，静置至少 15 min。然后，抽取适量样品缓慢注入净化柱，弃去初始滤液，收集流出液，经水系针式微孔滤膜过滤器过滤后测定。

若样品中疏水性有机物含量较高，可用有机物净化柱处理。先用注射器抽取

5 mL 甲醇洗涤净化柱，再抽取 10 mL 实验用水进行洗涤后，静置至少 10 min。然后抽取适量样品缓慢注入净化柱，弃去初始滤液，收集流出液，经水系针式微孔滤膜过滤器过滤后测定。

注[1]：不同厂家、不同批次的水系针式微孔滤膜过滤器性能可能不同，基体加标应在过滤前向水样中加入标准物质，而不是过滤后加入，以客观考察方法回收率。

注[2]：10 mL 实验用水可以不用全部弃去，使离子净化柱保持在少量溶液中活化，效果更好。

注[3]：静置时间建议不要超过 20 min。

注[4]：初始滤液建议至少在 2 mL。

注[5]：洗涤液以及样品通过净化柱时，速度不宜过快，流速宜控制在 1～2 滴/s，或按照产品说明书操作。

2.5.2　空白试样的制备

以实验用水代替样品，按照与试样制备相同的步骤进行空白试样的制备。

2.6　分析测试

2.6.1　仪器参考条件

（1）碳酸盐淋洗条件

阴离子色谱柱 I，流速：1.2 mL/min，柱温：30℃，进样体积：500 μL。此参考条件下高氯酸盐标准溶液色谱图参见图 5-3。

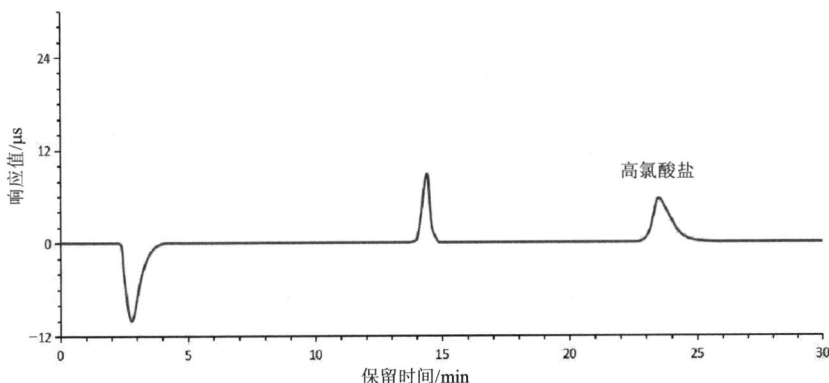

图 5-3　高氯酸盐标准溶液（0.1 mg/L）色谱图（碳酸盐淋洗体系）

（2）氢氧根淋洗条件

阴离子色谱柱Ⅱ，流速：1.0 mL/min，柱温：30℃，进样体积：500 μL。此参考条件下高氯酸盐标准溶液色谱图参见图 5-4。

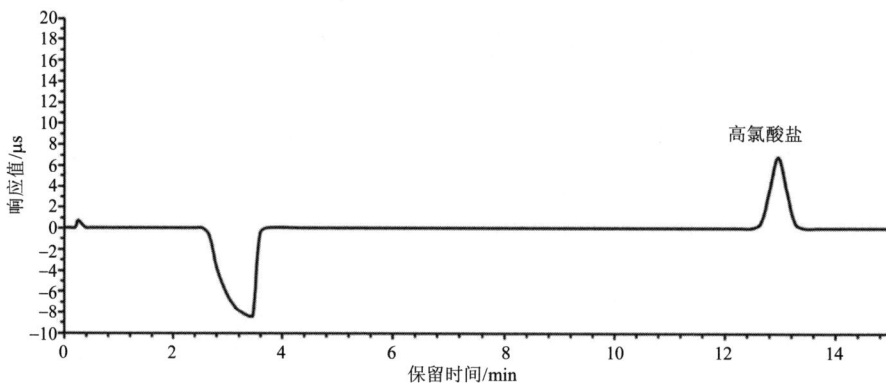

图 5-4　高氯酸盐标准溶液（0.1 mg/L）色谱图（氢氧根淋洗体系）

2.6.2　校准曲线的建立

分别准确移取 0 mL、0.100 mL、0.250 mL、0.500 mL、2.50 mL、5.00 mL 高氯酸盐标准使用液置于 6 个 50 mL 容量瓶中，用水定容至标线，混匀。配制成质量浓度分别为 0 mg/L、0.020 mg/L、0.050 mg/L、0.100 mg/L、0.500 mg/L、1.00 mg/L 的高氯酸盐标准系列。也可根据被测样品中高氯酸盐的浓度水平自行确定合适的标准系列浓度范围。按低浓度到高浓度的顺序依次进样，以高氯酸盐的质量浓度为横坐标，峰高或峰面积为纵坐标，建立校准曲线。

2.6.3　试样的测定

按照与绘制校准曲线相同的色谱条件和步骤测定。

注[6]：若测定结果超出校准曲线范围，应将样品用实验用水稀释处理后重新测定。

2.6.4　空白试样的测定

按照与试样相同的色谱条件和步骤，将空白试样注入离子色谱仪测定高氯酸盐浓度。

2.7　结果的计算与表示

2.7.1　结果计算

样品中高氯酸盐质量浓度按照式（5-1）进行计算。

$$\rho = \rho_1 \times f \qquad\qquad (5-1)$$

式中：ρ——样品中高氯酸盐的质量浓度，mg/L；

　　　ρ_1——由校准曲线得到的高氯酸盐的质量浓度，mg/L；

　　　f——样品的稀释倍数。

2.7.2　结果表示

测定结果小数点后保留位数与方法检出限一致，最多保留 3 位有效数字。

2.8　质量保证和质量控制

2.8.1　空白试验

每 20 个或每批次样品（少于 20 个）应至少做 1 个空白试样分析，空白试样测定结果应低于方法检出限。否则应查明原因，重新分析直至合格之后才能测定样品。

2.8.2　校准曲线

校准曲线应至少包含 6 个浓度点（含 0 浓度点），线性相关系数应≥0.999。

2.8.3　连续校准

每 20 个或每批次样品（少于 20 个）应分析一个校准曲线中间点浓度的标准溶液，其测定结果与校准曲线该点浓度之间的相对误差应在±10%以内，否则应重新建立校准曲线。

2.8.4　精密度控制

每 20 个或每批次样品（少于 20 个）应至少测定 10%的平行双样，样品数量少于 20 个时，应测定一个平行双样，平行双样测定结果的相对偏差应≤20%。

2.8.5　正确度控制

每 20 个或每批次样品（少于 20 个）应至少测定 1 个有证标准物质或基体加标回收样品，加标回收率应控制在 80%～120%，有证标准物质测定值应在其给出的不确定度范围内。

3　数据审核要点

3.1　管理需求

在我国，《地表水环境质量标准》（GB 3838—2002）、《地下水质量标准》（GB 14848—2017）、《污水综合排放标准》（GB 8978—1996）、《城镇污水处理厂污染物排放标准》（GB 18918—2002）和《医疗机构水污染物排放标准》（GB 18466—2005）等国家标准中均没有涉及高氯酸盐的限值要求。2005 年，美国国家环境保护局（USEPA）发布饮用水终生健康临时指导值，建议饮用水中高氯酸盐浓度不能超过 15 μg/L。2017 年，世界卫生组织（WHO）发布的《饮用水水质准则》第四版第 I 次修订附录中，提出饮用水中高氯酸盐的准则值为 70 μg/L。目前我国《生活饮用水卫生标准》（GB 5749—2022）中高氯酸盐为新增指标，其对高氯酸盐的限值要求为 70 μg/L。湖南发布地方标准《工业废水高氯酸盐污染物排放标准》（DB43/ 3001—2024），规定烟花、爆竹、引火线制造及其他高氯酸盐使用企业排放限值为 0.7 mg/L，特别排放限值为 0.35 mg/L；高氯酸盐生产企业排放限值为 1.0 mg/L，特别排放限值为 0.35 mg/L。各国家（地区）或组织有关饮用水中高氯酸盐限值见表 5-1。

表 5-1　各国家（地区）或组织有关饮用水中高氯酸盐限值

国家（地区）或组织	发布部门	项目介质	限值
美国	美国国家环境保护局（USEPA）饮用水终生健康临时指导值	饮用水	15 μg/L
世界卫生组织（WHO）	《饮用水水质准则》第四版第 1 次修订附录	饮用水	70 μg/L
中国	《生活饮用水卫生标准》（GB 5749—2022）	饮用水	70 μg/L
中国（湖南）	《工业废水高氯酸盐污染物排放标准》（DB43/ 3001—2024）	工业废水	烟花、爆竹、引火线制造及其他高氯酸盐使用企业排放限值为 0.7 mg/L；特别排放限值为 0.35 mg/L；高氯酸盐生产企业排放限值为 1.0 mg/L；特别排放限值为 0.35 mg/L

3.2　水环境介质中含量水平

根据相关文献，国内外部分水体中高氯酸盐的检出情况见表 5-2。现有的制水工艺对高氯酸盐的去除作用不明显，输水管网对末梢水中高氯酸盐的含量无明显影响，因而高氯酸盐可长时间存在于水中。

表 5-2　国内外部分水体中高氯酸盐的检出情况

国家（地区）	检测对象	检出浓度/（μg/L）	文献来源
浙江	地表水	0.20～43.36（样本数 37）	吉林水利，2024，5：42-46
	瓶装饮用水	ND～2.043（样本数 15）	
呼和浩特	饮用水	0.15～0.60	职业与健康，2024，40（22）：3118-3122
衡阳	地表水	ND～32	环保科技，2024，30（6）：16-19
重庆	饮用水	5±1	中国酿造，2024（43）12：271-275
上海	饮用水	7±1	
广东	饮用水	6±1	
成都	自来水	0.57～1.61（均值 0.86，中值 0.83，样本数 51）	Science of the Total Environment，2015，536：288-294
	矿泉水	0.15～2.84（均值 1.03，中值 0.75，样本数 12）	
智利	地下水	中值 12.1，样本数 6	Environmental Geochemistry and Health，2022，44（2）：527-535
	地表水	中值 1.8，样本数 6	
土耳其（伊斯坦布尔）	自来水	0.04～0.09（中值 0.08，样本数 60）	Environmental Monitoring and Assessment，2016，188（3）：158
土耳其（安卡拉）		0.07～0.21（中值 0.07，样本数 35）	
土耳其（萨卡利亚）		中值 0.04，样本数 20	
土耳其（伊斯帕尔塔）		0.02～0.07（中值 0.03，样本数 15）	
土耳其（开塞利）		0.23～0.31（中值 0.25，样本数 15）	

国家（地区）	检测对象	检出浓度/（μg/L）	文献来源
科威特（艾哈迈迪）	自来水	0.01～18.6（均值1.24）	Food Additives & Contaminants. Part A，2016，33（6）：1016-1025
印度（喀拉拉邦）	地下水	均值773，样本数160	Journal of Environmental Health Science and Engineering，2015，13（1）：56
	地表水	均值79.41，样本数10（核实数据）	

注：ND 表示未检出。

3.3　数据审核

（1）干扰与消除

水样中常见阴离子包括 F⁻、Cl⁻、NO₃⁻ 和 SO₄²⁻等，NO₃⁻在水样中一般含量较低，水样中高浓度的 Cl⁻和 SO₄²⁻经前处理柱预处理后，可降低损伤柱子的风险并且避免测定干扰；水样中低浓度的 Cl⁻和 SO₄²⁻没有损伤柱子的风险，可不经预处理直接进样。根据 GB/T 5750.5—2023，若水样中硫酸盐的浓度大于 300 mg/L，可用 Ba 型离子净化柱预处理消除干扰后测定。水样中的消毒副产物氯酸盐、亚氯酸盐、溴酸盐、二氯乙酸和三氯乙酸，均与高氯酸盐的保留时间相差较大。

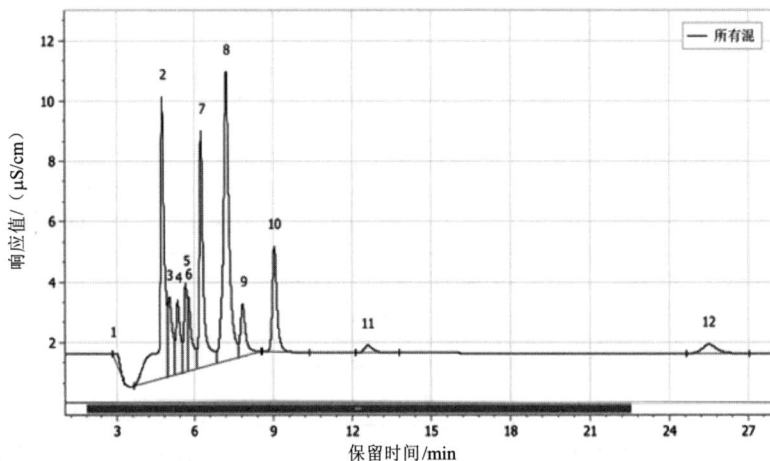

2—F⁻；3—Cl⁻；5—亚氯酸盐；6—溴酸盐；7—高氯酸盐；8—NO₃⁻、二氯乙酸；
9—氯酸盐；10—SO₄²⁻；11—三氯乙酸；12—高氯酸盐。

图 5-5　氢氧根体系阴离子混合标准溶液色谱图

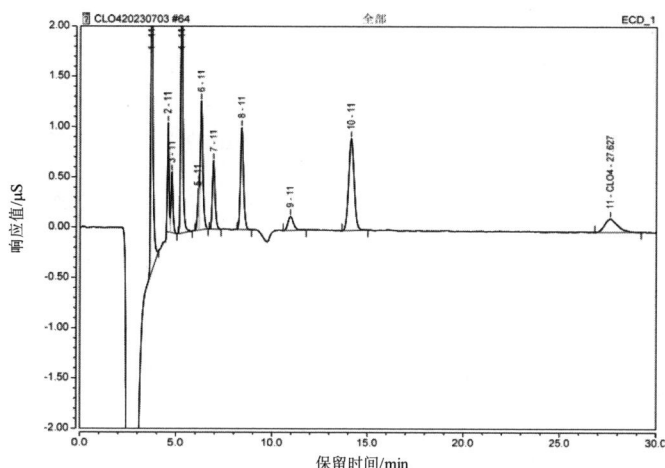

1—F⁻；2—亚氯酸盐；3—溴酸盐；4—Cl⁻；5—二氯乙酸；7—氯酸盐；8—NO₃⁻；

9—三氯乙酸；10—SO₄²⁻；11—高氯酸盐。

图 5-6　碳酸根体系阴离子混合标准溶液色谱图

（2）空白判定

在分析测试过程中，注意对空白样品的测试与分析。空白样包括现场空白、全程序空白、运输空白和实验室分析空白，空白样品可以反映所用试剂、分析仪器、采样仪器及周围环境等。根据已有的分析经验，本方法测定高氯酸盐的所有空白样结果均小于检出限，具体见图 5-7。如空白有检出，一定要查找原因。

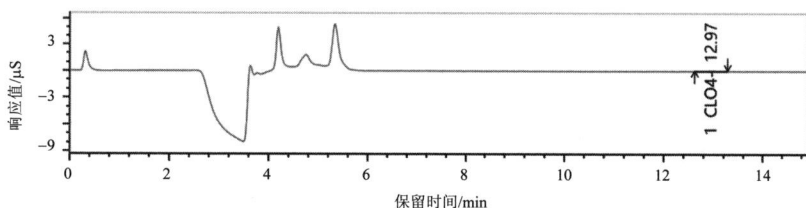

图 5-7　氢氧根体系高氯酸盐空白溶液色谱图

（3）校准曲线注意事项

为提高定量准确性，校准曲线不应少于 6 个点（包含 0 点），可根据测试样品浓度和要求调整校准曲线浓度和增加校准点的个数。当样品浓度较低时，建议删除高浓度校准点，增加低浓度校准曲线点，保证校准点数不少于 6 个（包含 0 点），防止因曲线斜率和截距不合适导致的系统误差，避免大量样品中目标化合物低浓度检出的情况。

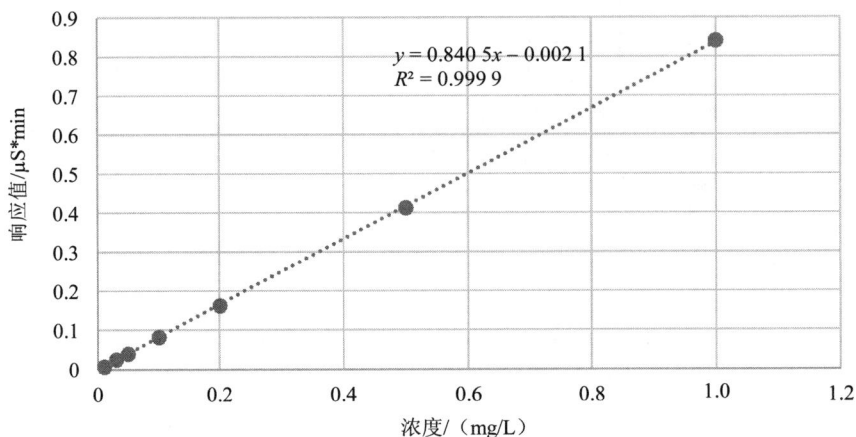

图 5-8 碳酸盐淋洗体系校准曲线图

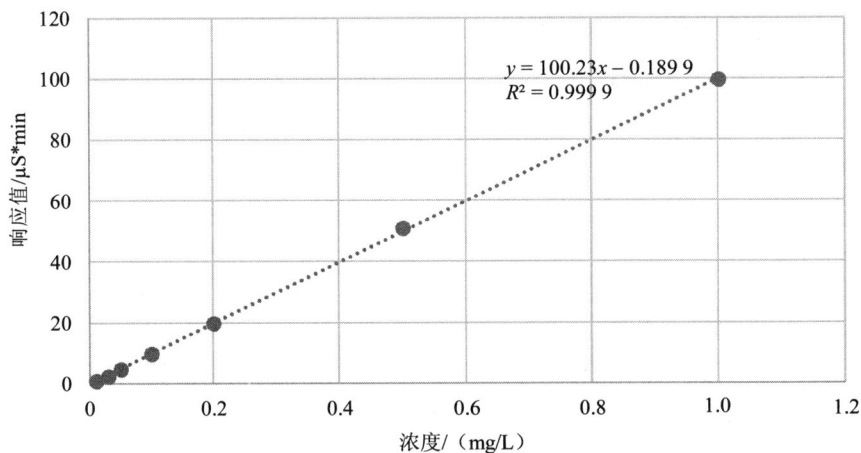

图 5-9 氢氧根淋洗体系校准曲线图

（4）假阳性判定

离子色谱法作为高氯酸盐的主要分析手段，通常采用大体积进样（相对于其他阴离子）以满足 µg/L 级样品的分析，操作简单、便捷，但该方法的局限性在于目标物的定性只能依靠保留时间，而将色谱保留时间作为定性依据有时会导致结果出现假阳性，导致结果偏高。

保留时间：受流动相等因素影响，保留时间会有变化，应严格按照作业指导书在分析过程进行连续校准，样品目标物的保留时间与连续校准目标物保留时间差应小于±0.2 min，如超出此范围出峰，应开展基体加标确定是不是目标物。

基体干扰：当样品浓度较高或与标准色谱图比较，色谱峰出现明显拖尾时，建议更换色谱柱或者用质谱定性，确定是否为目标物。例如，以 AS16 柱为基础的 EPA314.0 标准方法会出现实际样品中因包含多种芳香族磺酸盐如对氯苯磺酸（多来源于涂料及化学品生产），当其与高氯酸根共淋洗时，应用梯度淋洗也很难将其分离，容易造成高氯酸根测定结果出现假阳性。方法给出相关建议：更换色谱柱；加入有机改进剂改变分离选择性；采用 MS 或 MS/MS，或其他方法实现特异性检测。

参考文献

[1] Gu B H，Dong W J，Brown G M，et al. Complete degradation of perchlorate in ferric chloride and hydrochloric acid under controlled temperature and pressure[J]. Environmental Science & Technology，2003，37（10）：2291-2295.

[2] Zhang Y，Liu X M，Li Q. Effective electrochemically controlled process for perchlorate removal using poly（aniline-co-o-aminophenol）/multiwalled carbon nanotubes[J]. Journal of Applied Polymer Science，2013，128（3）：1625-1631.

[3] 方贤达. 高氯酸盐生产技术概况[J]. 无机盐工业，1983，29（7）：23-29.

[4] 王净，付学起. 饮用水中的高氯酸盐[J]. 净水技术，2001，20（4）：3-4.

[5] 蔡亚岐，史亚利，张萍，等. 高氯酸盐的环境污染问题[J]. 化学进展，2006，18（11）：1554-1564.

[6] 钱春花，唐伟，刘超. 环境内分泌干扰物与甲状腺疾病关系的研究进展[J]. 国外医学卫生学分册，2006，33（2）：106-109.

[7] Rikken G B，Kroon A G M，Ginkelc G V.Transformation of（per）chlorate into chloride by anewly isolated bacterium：reduction and dismutation[J].Appl Microbiol Biotechnol，1996，45：420-426.

[8] 于佳，唐玄乐，宋建平，等. 高氯酸盐的急性毒性和遗传毒性研究[J]. 毒理学杂志，2007，21（4）：267-269.

[9] Li H S，Zhang X Y，Lin C X，et al.Toxic effects of chlorate on three plant species inoculated

with arbuscular mycorrhizal[J]. Ecotoxicology and Environmental Safety，2008，1：700-705.

[10] 闫旭，我国重点流域及重点地区饮用水中高氯酸盐污染水平调查研究[D]. 北京：中国疾控中心环境所，2020.

[11] 李婷婷，任兴权，周丽，等. 离子色谱法同时测定饮用水中的溴酸盐和高氯酸盐[J]. 食品工业，2020（419）：325-328.

[12] 陈瑾，姚水萍，朱仙娜，等. 浙江饮用水高氯酸盐指数及初步风险评价[J]. 吉林水利，2024，5：42-46.

[13] 张海燕，孙卓然，包玉兰，等. 2023年呼和浩特市生活饮用水中高氯酸盐暴露水平调查及健康风险评估[J]. 职业与健康，2024，40（22）：3118-3122.

[14] 张志君. 2023年衡阳市县级以上饮用水水源地高氯酸盐健康风险初步评价[J]. 环保科技，2024，30（6）：16-19.

[15] 周亮，吴国权，陈洁. 离子色谱法同时测定饮用水中铬（六价）、草甘膦、高氯酸盐及7种阴离子含量[J]. 中国酿造，2024，43（12）：271-275.

[16] Gan Z W，Pi L，Li Y W，et al. Occurrence and exposure evaluation of perchlorate in indoor dust and diverse food from Chengdu，China[J]. Science of the Total Environment，2015，536：288-294.

[17] Calderón R，Palma P，Arancibia-Miranda N，et al. Occurrence，distribution and dynamics of perchlorate in soil，water，fertilizers，vegetables and fruits and associated human exposure in Chile[J]. Environmental Geochemistry and Health，2022，44（2）：527-535.

[18] Erdemgil Y，Gözet T，Can Ö，et al. Perchlorate levels found in tap water collected from several cities in Turkey[J]. Environmental Monitoring and Assessment，2016，188（3）：158.

[19] Alomirah H F，Al-Zenki S F，Alaswad M C，et al. Widespread occurrence of perchlorate in water，foodstuffs and human urine collected from Kuwait and its contribution to human exposure[J]. Food Additives & Contaminants. Part A，2016，33（6）：1016-1025.

[20] Nadaraja A V，Puthiyaveettil P G，Bhaskaran K. Surveillance of perchlorate in ground water，surface water and bottled water in Kerala，India[J]. Journal of Environmental Health Science and Engineering，2015，13（1）：56.

第 6 章　挥发性有机物的测定

1　基本概况

1.1　理化性质

挥发性有机物（VOCs）通常是指在 101.3 kPa 标准压力下，沸点≤250℃的有机化合物，一般分子量较小，分子结构中至少含有一个碳原子和一个氢原子。按照化学结构的划分，VOCs 主要分为烷烃类、芳香烃类、烯烃类、卤代烃类、酯类、醛类和酮类，目前比较关注的 VOCs 种类主要有苯系物类、卤代烷烃类、卤代烯烃类、氟利昂类、醛酮类和石油烃类化合物。

VOCs 具有熔点低、易分解和易挥发特点，在室温条件下通常为无色液体，具有刺激性或特殊气味，大部分不溶于水或难溶于水，易溶于有机溶剂。

1.2　环境危害

VOCs 通常作为有机溶剂广泛应用于石化、化工、喷涂、医药制造、农药制造等多个领域和行业，存在于燃料、溶剂、油漆、黏合剂、除臭剂、冷冻剂等大量产品中，在生产、销售、储存、处理和使用这些产品的过程中易释放 VOCs 到环境中。

VOCs 具有迁移性、持久性和毒性，可通过吸附、凝结、氧化等方式与空气中的氧化剂发生反应，形成二次气溶胶或颗粒物，再转化成 $PM_{2.5}$，加剧了雾霾天气的发生，是形成细颗粒物（$PM_{2.5}$）和臭氧（O_3）等二次污染物的重要前体物。

VOCs 对人体健康也有一定的影响，一是影响中枢神经系统，致使出现头晕、头痛、无力、胸闷等症状；二是刺激上呼吸道及皮肤，导致出现局部组织炎症或过敏反应；三是影响消化系统，出现食欲不振、恶心等症状。严重时甚至引发癌症或导致流产、胎儿畸形和生长发育迟缓。

2 监测方法解读

2.1 参考标准

《水质 挥发性有机物的测定 吹扫捕集/气相色谱-质谱法》（HJ 639—2012）

《生活饮用水标准检验方法 第 8 部分：有机物指标》（GB/T 5750.8—2023）

2.2 分析方法原理

样品中的挥发性有机物经高纯氦气（或氮气）吹扫后吸附于捕集管中，将捕集管加热并以高纯氦气反吹，被热脱附出来的组分经气相色谱分离后，用质谱仪进行检测。通过与待测目标化合物保留时间和标准质谱图或特征离子相比较进行定性，内标法定量。

2.3 试剂和材料

除非另有说明，分析时均使用符合国家标准的优级纯化学试剂。

2.3.1 空白试剂水：二次蒸馏水或通过纯水设备新制备的水。

使用前需经过空白检验，确认在目标化合物的保留时间区间内无干扰峰出现或目标化合物浓度低于方法检出限。

2.3.2 甲醇（CH_3OH）：使用前需通过检验，确认无目标化合物或目标化合物浓度低于方法检出限。

2.3.3 盐酸溶液，1+1。

2.3.4 抗坏血酸（$C_6H_8O_6$）。

注[1]：可同时购买市售抗坏血酸试纸，用于在采样前快速检验水样中是否含有余氯，从而判断水样采集时是否需要添加抗坏血酸。

2.3.5 标准贮备液：$\rho =200\sim 2\ 000\ \mu g/mL$。可直接购买市售有证标准溶液，或用高浓度标准溶液配制。

62 种目标化合物中英文名称、定量内标、定量离子和辅助离子，方法检出限及测定下限如表 6-1 所示。

表 6-1　目标化合物、内标物和替代物的中英文名称、定量内标、定量离子和辅助离子、方法检出限及测定下限

出峰顺序	目标化合物中文名称	目标化合物英文名称	类型	定量内标	定量离子 (m/z)	辅助离子 (m/z)	全扫描方式		SIM 方式	
							检出限 (µg/L)	测定下限 (µg/L)	检出限 (µg/L)	测定下限 (µg/L)
1	氯乙烯	Vinyl chloride	目标化合物	1	62	64	1.5	6.0	0.5	2.0
2	1,1-二氯乙烯	1,1-Dichloroethene	目标化合物	1	96	61,63	1.2	4.8	0.4	1.6
3	二氯甲烷	Methylene chloride	目标化合物	1	84	86,49	1.0	4.0	0.5	2.0
4	反式-1,2-二氯乙烯	Trans-1,2-dichloroethene	目标化合物	1	96	61,98	1.1	4.4	0.3	1.2
5	1,1-二氯乙烷	1,1-Dichloroethane	目标化合物	1	63	65,83	1.2	4.8	0.4	1.6
6	氯丁二烯	2-Chloro-1,3-butadiene	目标化合物	1	53	88	1.5	6.0	0.5	2.0
7	顺式-1,2-二氯乙烯	cis-1,2-Dichloroethene	目标化合物	1	96	61,98	1.2	4.8	0.4	1.6
8	2,2-二氯丙烷	2,2-Dichloropropane	目标化合物	1	77	41,97	1.5	6.0	0.5	2.0
9	溴氯甲烷	Bromochloromethane	目标化合物	1	128	49,130	1.4	5.6	0.5	2.0
10	氯仿	Chloroform	目标化合物	1	83	85,47	1.4	5.6	0.4	1.6
11	二溴氟甲烷	Dibromofluoromethane	替代物	1	113	111,192	—	—	—	—
12	1,1,1-三氯乙烷	1,1,1-Trichloroethane	目标化合物	1	97	99,61	1.4	5.6	0.4	1.6
13	1,1-二氯丙烯	1,1-Dichloropropene	目标化合物	1	75	110,77	1.2	4.8	0.3	1.2
14	四氯化碳	Carbon tetrachloride	目标化合物	1	117	119,121	1.5	6.0	0.4	1.6
15	苯	Benzene	目标化合物	1	78	77,51	1.4	5.6	0.4	1.6

出峰顺序	目标化合物中文名称	目标化合物英文名称	类型	定量内标	定量离子（m/z）	辅助离子（m/z）	全扫描方式		SIM方式	
							检出限（μg/L）	测定下限（μg/L）	检出限（μg/L）	测定下限（μg/L）
16	1,2-二氯乙烷	1,2-Dichloroethane	目标化合物	1	62	64,98	1.4	5.6	0.4	1.6
17	氟苯	Fluorobenzene	内标1	—	96	77	—	—	—	—
18	三氯乙烯	Trichloroethylene	目标化合物	1	95	130,132	1.2	4.8	0.4	1.6
19	环氧氯丙烷	1-Chloro-2,3-epoxypropane	目标化合物	1	57	49	5.0	20	2.3	9.2
20	1,2-二氯丙烷	1,2-Dichloropropane	目标化合物	1	63	41,112	1.2	4.8	0.4	1.6
21	二溴甲烷	Dibromomethane	目标化合物	1	93	95,174	1.5	6.0	0.3	1.2
22	一溴二氯甲烷	Bromodichloromethane	目标化合物	1	83	85,127	1.3	5.2	0.4	1.6
23	顺式-1,3-二氯丙烯	cis-1,3-Dichloropropene	目标化合物	1	75	39,77	1.4	5.6	0.3	1.2
24	甲苯-d$_8$	Toluene-d$_8$	替代物	1	98	100	—	—	—	—
25	甲苯	Toluene	目标化合物	1	91	92	1.4	5.6	0.3	1.2
26	反式-1,3-二氯丙烯	trans-1,3-Dichloropropene	目标化合物	1	75	39,77	1.4	5.6	0.3	1.2
27	1,1,2-三氯乙烷	1,1,2-Trichloroethane	目标化合物	1	83	97,85	1.5	6.0	0.4	1.6
28	四氯乙烯	Tetrachloroethylene	目标化合物	1	166	168,129	1.2	4.8	0.2	0.8
29	1,3-二氯丙烷	1,3-Dichloropropane	目标化合物	1	76	41,78	1.4	5.6	0.4	1.6
30	二溴氯甲烷	Dibromochloromethane	目标化合物	1	129	127,131	1.2	4.8	0.4	1.6
31	1,2-二溴乙烷	1,2-Dibromoethane	目标化合物	1	107	109,188	1.2	4.8	0.4	1.6
32	氯苯	Chlorobenzene	目标化合物	2	112	77,114	1.0	4.0	0.2	0.8

出峰顺序	目标化合物中文名称	目标化合物英文名称	类型	定量内标	定量离子 (m/z)	辅助离子 (m/z)	全扫描方式 检出限 (μg/L)	全扫描方式 测定下限 (μg/L)	SIM 方式 检出限 (μg/L)	SIM 方式 测定下限 (μg/L)
33	1,1,1,2-四氯乙烷	1,1,1,2-Tetrachloroe thane	目标化合物	2	131	133,119	1.5	6.0	0.3	1.2
34	乙苯	Ethylbenzene	目标化合物	2	91	106	0.8	3.2	0.3	1.2
35/36	间,对-二甲苯	m,p-Xylene	目标化合物	2	106	91	2.2	8.8	0.5	2.0
37	邻-二甲苯	o-Xylene	目标化合物	2	106	91	1.4	5.6	0.2	0.8
38	苯乙烯	Styrene	目标化合物	2	104	78,103	0.6	2.4	0.2	0.8
39	溴仿	Bromoform	目标化合物	2	173	175,254	0.6	2.4	0.5	2.0
40	异丙苯	Isopropylbenzene	目标化合物	2	105	120	0.7	2.8	0.3	1.2
41	4-溴氟苯	4-Bromofluorobenzene	替代物	2	95	174,176	—	—	—	—
42	1,1,2,2-四氯乙烷	1,1,2,2-Tetrachloro ethane	目标化合物	2	83	131,85	1.1	4.4	0.4	1.6
43	溴苯	Bromobenzene	目标化合物	2	156	77,158	0.8	3.2	0.4	1.6
44	1,2,3-三氯丙烷	1,2,3-Trichloropropane	目标化合物	2	75	110,77	1.2	4.8	0.2	0.8
45	正丙苯	n-Propylbenzene	目标化合物	2	91	120	0.8	3.2	0.2	0.8
46	2-氯甲苯	2-Chlorotoluene	目标化合物	2	91	126	1.0	4.0	0.4	1.6
47	1,3,5-三甲基苯	1,3,5-Trimethylbenzene	目标化合物	2	105	120	0.7	2.8	0.3	1.2
48	4-氯甲苯	4-Chlorotoluene	目标化合物	2	91	126	0.9	3.6	0.3	1.2
49	叔丁基苯	tert-Butylbenzene	目标化合物	2	119	91,134	1.2	4.8	0.4	1.6
50	1,2,4-三甲基苯	1,2,4-trimethylbenzene	目标化合物	2	105	120	0.8	3.2	0.3	1.2

出峰顺序	目标化合物中文名称	目标化合物英文名称	类型	定量内标	定量离子(m/z)	辅助离子(m/z)	全扫描方式		SIM 方式	
							检出限/(μg/L)	测定下限/(μg/L)	检出限/(μg/L)	测定下限/(μg/L)
51	仲丁基苯	sec-Butylbenzene	目标化合物	2	105	134	1.0	4.0	0.3	1.2
52	1,3-二氯苯	1,3-Dichlorobenzene	目标化合物	2	146	111,148	1.2	4.8	0.3	1.2
53	4-异丙基甲苯	p-Isopropyltoluene	目标化合物	2	119	134,91	0.8	3.2	0.3	1.2
54	1,4-二氯苯-d₄	1,4-Dichlorobenzene-d₄	内标 2	—	152	115,150	—	—	—	—
55	1,4-二氯苯	1,4-Dichlorobenzene	目标化合物	2	146	111,148	0.8	3.2	0.4	1.6
56	正丁基苯	n-Butylbenzene	目标化合物	2	91	92,134	1.0	4.0	0.3	1.2
57	1,2-二氯苯	1,2-Dichlorobenzene	目标化合物	2	146	111,148	0.8	3.2	0.4	1.6
58	1,2-二溴-3-氯丙烷	1,2-Dibromo-3- chloropropane	目标化合物	2	157	75,155	1.0	4.0	0.3	1.2
59	1,2,4-三氯苯	1,2,4-Trichlorobenzene	目标化合物	2	180	182,145	1.1	4.4	0.3	1.2
60	六氯丁二烯	Hexachlorobutadiene	目标化合物	2	225	223,227	0.6	2.4	0.4	1.6
61	萘	Naphthalene	目标化合物	2	128	—	1.0	4.0	0.4	1.6
62	1,2,3-三氯苯	1,2,3-Trichlorobenzene	目标化合物	2	180	182,145	1.0	4.0	0.5	2.0

2.3.6　标准中间液：$\rho =5\sim25$ µg/mL。

用甲醇（2.3.2）稀释标准贮备液（2.3.5），在≤4℃条件下，可保存 1 个月。

2.3.7　内标标准溶液：$\rho =25$ µg/mL。

宜选用氟苯和 1,4-二氯苯-d_4 作为内标，可直接购买市售有证标准溶液，或用高浓度标准溶液配制。

2.3.8　替代物标准溶液：$\rho =25$ µg/mL。

宜选用二溴氟甲烷、甲苯-d_8 和 4-溴氟苯作为替代物，可直接购买市售有证标准溶液，或用高浓度标准溶液配制。

2.3.9　4-溴氟苯（BFB）溶液：$\rho =25$ µg/mL。

可直接购买市售有证标准溶液，也可用高浓度标准溶液配制。

2.3.10　氦气：纯度≥99.999%。

2.3.11　氮气：纯度≥99.999%。

注[2]：以上所有标准溶液均用甲醇（2.3.2）作为溶剂，在 4℃下避光保存或参照制造商的产品说明保存。为降低在配制过程中挥发性有机物的损失，可提前 2 h 调低标准溶液配制房间的温度。

2.4　仪器和设备

2.4.1　气相色谱/质谱仪：色谱部分具分流/不分流进样口，可程序升温。质谱部分具 70 eV 的电子轰击（EI）电离源，每个色谱峰至少有 6 次扫描，推荐为 7～10 次扫描；产生的 4-溴氟苯的质谱图必须满足表 6-1 的要求；具有 NIST 质谱图库、手动/自动调谐、数据采集、定量分析及谱库检索等功能。

2.4.2　吹扫捕集装置，配有自动进样器。

捕集管使用 1/3 Tenax、1/3 硅胶、1/3 活性炭混合吸附剂或其他等效吸附剂。

2.4.3　毛细管柱：30 m×0.25 mm，1.4 µm 膜厚（6%腈丙苯基/94%二甲基聚硅氧烷固定液），或其他等效毛细管柱。

2.4.4　气密性注射器：5 mL 或 25 mL。

2.4.5　微量注射器：5 µL、10 µL、25 µL、50 µL、250 µL 和 500 µL。

2.4.6　样品瓶：40 mL 棕色玻璃瓶，具硅橡胶-聚四氟乙烯衬垫螺旋盖。

2.4.7　棕色玻璃瓶：2 mL，具聚四氟乙烯-硅胶衬垫和实芯螺旋盖。

2.4.8　容量瓶：A 级，25 mL、50 mL。

2.4.9　一般实验室常用仪器和设备。

2.5　前处理

2.5.1　试样的制备
直接将装有样品的样品瓶放入吹扫捕集自动进样器样品盘中，待测。

2.5.2　空白试样的制备
样品瓶（2.4.6）装满空白试剂水（2.3.1），作为空白试样。

2.6　分析测试

2.6.1　仪器参考条件
（1）吹扫捕集参考条件

吹扫温度：室温或40℃恒温；吹扫流速：40 mL/min；吹扫时间：11 min；干吹扫时间：1 min；预脱附温度：180℃；脱附温度：190℃；脱附时间：2 min；烘烤温度：200℃；烘烤时间：6 min。其余参数参照仪器使用说明书进行设定。

（2）气相色谱参考条件

进样口温度：220℃；进样方式：分流进样（分流比为 30：1）；程序升温：35℃（2 min）→5℃/min→120℃→10℃/min→220℃（2 min）；载气：氦气（2.3.10），流量：1.0 mL/min。

（3）质谱参考条件

离子源：EI 源；离子源温度：230℃；离子化能量：70 eV；扫描方式：全扫描或选择离子扫描（SIM）。扫描范围：m/z 35～270 u；溶剂延迟：2.0 min；电子倍增电压：与调谐电压一致；接口温度：280℃。其余参数参照仪器使用说明书进行设定。

注[3]：对于全扫描方式，质谱应采集每个目标化合物 $m/z \geq 35$ 以上的所有离子，但有二氧化碳峰存在时，扫描的质量范围可以从 m/z 45 开始；对于 SIM 方式，每个目标化合物应选择一个定量离子和至少一个辅助离子，如果可能，应另外选择一个确认离子（如卤素的同位素），确保定量离子没有受到相邻色谱峰中相同离子的干扰。

（4）分析 BFB 溶液参考条件

①通过 GC 进样口直接进样

进样方式：手动或自动；进样量：2 μL；程序升温：100℃（0.1 min）→ 12℃/min→ 160℃；其余条件参见 2.6.1。

②通过吹扫捕集装置进样

将 20 μL 4-溴氟苯（BFB）溶液（2.3.9）加入 50 mL 空白试剂水（2.3.1）中，然后通过吹扫捕集装置进样 5 mL，分析条件见 2.6.1。

2.6.2　仪器性能检查

在每天分析之前，GC/MS 系统必须进行仪器性能检查。采用 2.6.1（4）（①）或（②）方式进样，用 GC/MS 进行分析。GC/MS 系统得到的 BFB 关键离子丰度应满足表 6-2 中规定的标准，否则应调整质谱仪参数或清洗离子源。

表 6-2　4-溴氟苯离子丰度标准

质荷比	离子丰度标准	质荷比	离子丰度标准
95	基峰，100%相对丰度	175	质量 174 的 5%～9%
96	质量 95 的 5%～9%	176	质量 174 的 95%～105%
173	小于质量 174 的 2%	177	质量 176 的 5%～10%
174	大于质量 95 的 50%	—	—

2.6.3　校准曲线的建立

（1）全扫描方式

分别移取一定量的标准中间液（2.3.6）和替代物标准溶液（2.3.8）快速加到装有空白试剂水（2.3.1）的容量瓶（2.4.8）中，并定容至刻度，将容量瓶垂直振摇 3 次，混合均匀，配制目标化合物和替代物的浓度分别为 5.00 μg/L、20.0 μg/L、50.0 μg/L、100 μg/L 和 200 μg/L 的标准系列（替代物和除环氧氯丙烷以外目标物的参考浓度，环氧氯丙烷响应较低，其标准曲线点浓度是此参考浓度的 5 倍）。自动进样器自动量取标准溶液 5.0 mL，并加入 10.0 μL 的内标标准溶液（2.3.7），根据仪器参考条件（2.6.1），从低浓度到高浓度依次测定，记录标准系列目标化合物和相对应内标的保留时间、定量离子的响应值。通过校准系列各浓度点的相对响应因子计算平均相对响应因子（参见"第 2 章　乙草胺的测定 3.7.2 结果计算"），内标法定量。

（2）SIM 方式

分别移取一定量的标准中间液（2.3.6）和替代物标准溶液（2.3.8）快速加到装有空白试剂水（2.3.1）的容量瓶（2.4.8）中，并定容至刻度，将容量瓶垂直振摇 3 次，混合均匀，配制目标化合物和替代物的浓度分别为 1.0 μg/L、4.0 μg/L、10.0 μg/L、20.0 μg/L 和 40.0 μg/L 的标准系列（替代物和除环氧氯丙烷以外目标物的参考浓度，环氧氯丙烷响应较低，其标准曲线点浓度是此参考浓度的 5 倍）。自动进样器自动量取标准溶液 5.0 mL，并加入 2.0 μL 的内标标准溶液（2.3.7），按照仪器参考条件（2.6.1），从低浓度到高浓度依次测定，记录标准系列目标化合物和相对应内标的保留时间、定量离子的响应值。通过校准系列各浓度点的相对响应因子计算平均相对响应因子（参见"第 2 章 乙草胺的测定 3.7.2 结果计算"），内标法定量。

在本标准规定的色谱条件下，目标化合物的总离子流色谱图见图 6-1。

注[4]：用空白试剂水配制的标准溶液稳定性较差，需临用现配。

注[5]：在配制校准曲线系列时，为避免目标化合物的挥发损失，建议将使用的空白试剂水（2.3.1）提前放置于密闭容器中于 0～4℃下冷藏至少 2 h。

注[6]：也可根据仪器实际配置情况，选择进样量为 25 mL。

注[7]：吹扫捕集装置在每次开机后和关机前应进行烘烤，确保系统无污染。

2.6.4　试样的测定

按照建立校准曲线（2.6.3）相同的仪器条件测定试样（2.5.1）。

注[8]：若样品中的待测物浓度超过曲线最高点时，则需取适量样品在容量瓶中稀释后重新测定。

注[9]：当分析高浓度样品后，应分析一个或多个空白样品避免对下一个样品产生交叉污染。

2.6.5　空白试样的测定

按照与试样测定（2.6.4）相同的仪器条件和步骤测定空白试样（2.5.2）。

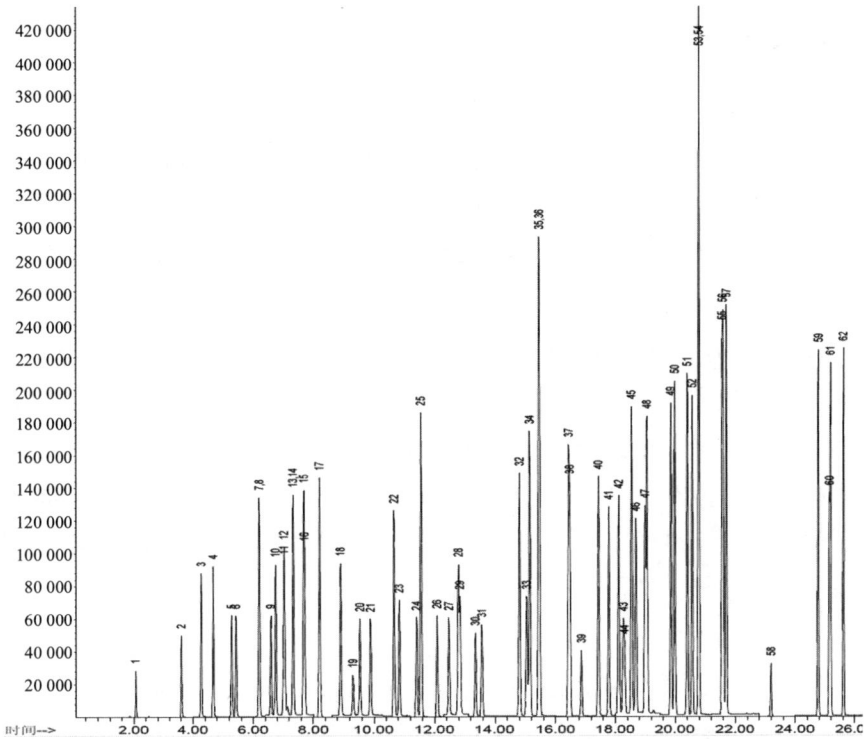

1—氯乙烯；2—1,1-二氯乙烯；3—二氯甲烷；4—反式-1,2-二氯乙烯；5—1,1-二氯乙烷；
6—氯丁二烯；7—顺式-1,2-二氯乙烯；8—2,2-二氯丙烷；9—溴氯甲烷；10—氯仿；11—二溴
氟甲烷（替代物）；12—1,1,1-三氯乙烷；13—1,1-二氯丙烯；14—四氯化碳；15—苯；16—1,2-
二氯乙烷；17—氟苯（内标）；18—三氯乙烯；19—1,2-二氯丙烷；20—二溴甲烷；21—一溴
二氯甲烷；22—环氧氯丙烷；23—顺式-1,3-二氯丙烯；24—甲苯-d_8（替代物）；25—甲苯；
26—反式-1,3-二氯丙烯；27—1,1,2-三氯乙烷；28—四氯乙烯；29—1,3-二氯丙烷；30—二溴氯
甲烷；31—1,2-二溴乙烷；32—氯苯；33—1,1,1,2-四氯乙烷；34—乙苯；35/36—间/对-二甲苯；
37—邻-二甲苯；38—苯乙烯；39—溴仿；40—异丙苯；41—4-溴氟苯（替代物）；42—溴苯；
43—1,1,2,2-四氯乙烷；44—1,2,3-三氯丙烷；45—正丙苯；46—2-氯甲苯；47—4-氯甲苯；
48—1,3,5-三甲基苯；49—叔丁基苯；50—1,2,4-三甲基苯；51—仲丁基苯；52—1,3-二氯苯；
53—4-异丙基甲苯；54—1,4-二氯苯；55—1,4-二氯苯-d_4（内标）；56—1,2-二氯苯；57—正丁
基苯；58—1,2-二溴-3-氯丙烷；59—1,2,4-三氯苯；60—六氯丁二烯；61—萘；62—1,2,3-三氯苯。

图 6-1　目标化合物的总离子流色谱图

2.7 结果的计算与表示

2.7.1 定性分析

根据保留时间和离子对丰度比定性。试样中目标化合物的保留时间和标准溶液中该目标化合物比较,偏差应≤0.2 min 或±3 倍的保留时间标准偏差。

注[10]: 保留时间标准偏差为通过标准溶液多次进样后保留时间或标准曲线多个浓度点保留时间计算出的标准偏差,一般≤0.2 min。

目标化合物在标准质谱图中的丰度高于 30%的所有离子应在样品质谱图中存在,而且样品质谱图中的相对丰度与标准质谱图中的相对丰度的绝对值偏差应小于 20%。例如,当一个离子在标准质谱图中的相对丰度为 30%,则该离子在样品质谱图中的丰度应在 10%～50%。对于某些化合物,一些特殊的离子如分子离子峰,如果其相对丰度低于 30%,也应该作为判别化合物的依据。如果实际样品存在明显的背景干扰,则在对比时应扣除背景影响。

2.7.2 结果计算

目标化合物经定性鉴别后,根据定量离子的峰面积或峰高,用内标法计算。当样品中目标化合物的定量离子有干扰时,允许使用辅助离子定量。具体内标及定量离子见表 6-1。

样品中目标化合物的质量浓度 ρ_i 按式(6-1)进行计算,ρ_x 详细计算过程参见"第 2 章 乙草胺的测定 3.7.2 结果计算",试样体积和样品体积相等。

$$\rho_i = \rho_x \times f \tag{6-1}$$

式中: ρ_i ——样品中目标化合物的质量浓度,μg/L;

ρ_x ——仪器测得的试样中目标化合物的质量浓度,μg/L;

f ——稀释倍数。

2.7.3 结果表示

测定结果小数点后位数与方法检出限一致,最多保留 3 位有效数字。

使用本方法所述毛细管柱时,间二甲苯和对二甲苯的测定结果为两者之和。

2.8 质量保证和质量控制

2.8.1 仪器性能检查

每批样品分析之前或每 24 h 之内,需进行仪器性能检查,得到的 BFB 质谱图离子丰度必须全部符合表 6-2 中的标准。

2.8.2　空白试验

每批样品至少应分析一个运输空白、一个全程序空白和一个试剂空白。空白中目标化合物浓度应小于下列条件的最大值：

（1）方法检出限；

（2）相关环保标准限值的 5%；

（3）样品分析结果的 5%。

若空白试验未满足以上要求，则应采取措施排除污染并重新分析同批样品。

2.8.3　校准曲线

校准曲线至少需 5 个浓度系列，目标化合物相对响应因子的 RSD 应≤20%。否则应查找原因或重新建立校准曲线。

校准曲线中，以下 4 种化合物的最小相对响应因子应满足：1,1-二氯乙烷≥0.10、溴仿≥0.10、氯苯≥0.30、1,1,2,2-四氯乙烷≥0.30。

2.8.4　连续校准

每 24 h 分析一次校准曲线中间浓度点，其测定结果与实际浓度值相对误差应≤20%，否则应查找原因或重新建立校准曲线。

2.8.5　精密度控制

每批样品（≤20 个）应至少分析一个平行样。当测定结果≥方法测定下限时，平行样测定结果的相对偏差应在 30% 以内；当测定结果＜方法测定下限时，不做计算相对偏差的要求。

2.8.6　正确度控制

（1）替代物

所有样品和空白中都需加入替代物，按与样品相同的步骤分析，每种替代物的回收率应在 70%～130%。

如果 1 个或多个替代物回收率超过允许标准，同批样品应重新分析。如果重新分析样品的替代物回收率合格，则报告重新分析的样品结果。如果重新分析样品的回收率和第一个样品一样，则两个结果都需报出，说明是基体效应。

（2）空白加标和基体加标

每批样品（≤20 个）应至少分析一个试剂空白加标。空白加标回收率应在 80%～120%。

每批样品（≤20 个）应至少分析一个基体加标。基体加标回收率应在 60.0%～130%。若加标回收率不合格，应再分析一个基体加标重复样品；若基体加标重复样品回收率不合格，但替代物回收率测定结果满足控制指标，说明样品存在基体效应。

2.8.7　内标物

连续校准时，内标与校准曲线中间点内标的保留时间变化不超过 10 s，定量离子峰面积变化在 50%～200%。

2.9　注意事项

（1）当谱图中前端易挥发组分的响应明显偏低，而后端组分的响应基本正常，则可能存在吹扫流速太快或捕集阱吸附性能下降等问题，应重点核查吹扫流速大小和捕集阱性能。

（2）当谱图中后端高沸点组分的响应较低，或线性差，而前端物质相对正常，应重点检查脱附温度是否偏低，脱附时间是否偏短，捕集阱是否存在污染。

（3）当谱图中前端易挥发组分的色谱行为差，峰形不呈正态分布，出现峰形拖尾或展宽现象，可能存在气相色谱进样口压力偏低的问题，可通过加大进样分流比/进样流速/压力，减少目标物因进样口压力偏低而导致的散逸损失。

3　数据审核要点

3.1　管理需求

（1）国际方面

日本、美国、加拿大、欧盟等经济发达国家和地区对饮用水中各类挥发性有机污染物都制定了严格的控制标准。美国国家环境保护局（US EPA）《国家饮用水水质标准》有 23 种 VOCs；《日本生活饮用水水质标准》有 21 种 VOCs；《加拿大饮用水水质标准》有 16 种 VOCs；欧盟（EC）的《饮用水水质指令》（98/83/EC）有 6 种 VOCs；世界卫生组织（WHO）的《饮用水水质准则》有 25 种 VOCs，具体浓度限值见表 6-3。

表 6-3　国际上挥发性有机物水质标准浓度限值情况

序号	化合物	美国国家环境保护局（USEPA）《国家饮用水水质标准》		《日本生活饮用水水质标准》/（mg/L）	《加拿大饮用水水质标准》/（mg/L）			《饮用水水质指令》（98/83/EC）/（μg/L）	WHO《饮用水水质准则》/（μg/L）
		MCLG[①]	MCL[②]TT		MAC	IMAC	AO[③]		
1	苯	0	0.005	0.01	0.005	—	—	1	10
2	四氯化碳	0	0.005	0.002	0.005	—	—	—	4
3	氯苯	0.1	0.1	—	0.08	—	0.03	—	—
4	1,2-二溴-3-氯丙烷	0	0.000 2	—	—	—	—	—	1
5	邻-二氯苯	0.6	0.6	—	0.2	—	0.003	—	1 000
6	对-二氯苯	0.075	0.075	0.3	0.005	—	0.001	—	300
7	1,2-二氯乙烷	0	0.005	—	—	0.005	—	3	30
8	1,1-二氯乙烯	0.007	0.007	0.02	0.014	—	—	—	—
9	顺式-1,2-二氯乙烯	0.07	0.07	0.04	—	—	—	—	—
10	反式-1,2-二氯乙烯	0.1	0.1	0.04	—	—	—	—	—
11	正乙苯	0.7	0.7	—	—	—	0.002 4	—	300
12	二溴化乙烯	0	0.000 05	—	—	—	—	—	—
13	六氧环戊二烯	0.05	0.05	—	—	—	—	—	20
14	苯乙烯	0.1	0.1	—	—	—	—	—	20
15	四氯乙烯	0	0.005	0.01	0.03	—	—	—	40

序号	化合物	美国国家环境保护局（USEPA）《国家饮用水水质标准》		《日本生活饮用水水质标准》/ (mg/L)	《加拿大饮用水水质标准》/ (mg/L)			《饮用水水质指令》(98/83/EC) / (µg/L)	WHO《饮用水水质准则》/ (µg/L)
		MCLG①	MCL②TT		MAC	IMAC	AO③		
16	甲苯	1	1	0.6	—	—	0.024	—	700
17	总三卤甲烷	未规定	0.1	<0.1	—	0.1	—	100⑤	其中各个化合物的浓度与其相应准则值之比的总和应小于1
18	1,2,4-三氯苯	0.07	0.07	—	—	—	—	—	—
19	1,1,1-三氯乙烷	0.2	0.2	0.3（嗅）	0.3（嗅）	—	—	—	—
20	1,1,2-三氯乙烷	0.003	0.005	0.006	—	—	—	—	—
21	三氯乙烯	0	0.005	0.03	0.05	—	—	—	20
22	氯乙烯	0	0.002	—	0.002	—	—	0.5	0.3
23	二甲苯（总）	10	10	0.4	—	—	0.3	—	500
24	1,2-二氯乙烯	—	—	0.004	—	—	—	—	50
25	二氯甲烷	—	—	0.02	0.05	—	—	—	20
26	氯仿	—	—	0.06	—	—	—	—	300
27	二氯一溴甲烷	—	—	0.03	—	—	—	—	60
28	一氯二溴甲烷	—	—	0.01	—	—	—	—	100
29	溴仿	—	—	0.09	—	—	—	—	100
30	1,3-二氯丙烷	—	—	0.002	—	—	—	—	—

序号	化合物	美国国家环境保护局(USEPA)《国家饮用水水质标准》		《日本生活饮用水水质标准》/ (mg/L)	《加拿大饮用水水质标准》/ (mg/L)			《饮用水水质指令》(98/83/EC)/ (μg/L)	WHO《饮用水水质准则》/ (μg/L)
		MCLG[①]	MCL[②]TT		MAC	IMAC	AO[③]		
31	1,2-二氯丙烷	—	—	0.06	—	—	—	—	40
32	环氧氯丙烷	—	—	—	—	—	—	0.1[④]	0.4
33	四氯乙烯和三氯乙烯	—	—	—	—	—	—	10	—
34	六氯丁二烯	—	—	—	—	—	—	—	0.6
35	1,2-二溴乙烷	—	—	—	—	—	—	—	0.4
36	1,3-二氯丙烯	—	—	—	—	—	—	—	20

注：①污染物最高浓度目标 MCLG 对人体健康无影响或预期无不良影响的水中污染物浓度。它规定了确当的安全限量，MCLGs 是非强制性公共健康目标。

②污染物最高浓度：是供给用户的水中污染物最高允许浓度，MCLGs 是强制性标准，MCLG 是安全限量，MCL 限量时对公众健康不产生显著风险。

③最大可接受浓度（MACs），临时最大可接受浓度（IMACs）和感官指标（AOs）。

④参数值是指水中的剩余单体浓度，并根据相应聚合体与水接触后所能释放出的最大量计算得到。

⑤如果可能，在不影响消毒效果的前提下，成员国应尽力降低下列化合物值：氯仿、溴仿、二溴一氯甲烷和一溴二氯甲烷，该指令令生效后 5~15 年，总三卤甲烷的参数值为 150 μg/L。

（2）国内方面

鉴于 VOCs 污染的普遍性，目前我国多个质量/排放标准均涉及 VOCs 指标。1989 年我国提出的 68 种优先污染物黑名单中有 20 种 VOCs，《地表水环境质量标准》（GB 3838—2002）中有 22 种 VOCs，《生活饮用水卫生标准》（GB 5749—2022）中有 30 种 VOCs，《地下水质量标准》（GB 14848—2017）中有 25 种 VOCs，《污水综合排放标准》（GB 8978—1996）中有 13 种 VOCs，《城镇污水处理厂污染物排放标准》（GB 18918—2002）中有 13 种 VOCs，指标主要为卤代烃、苯系物和氯苯类化合物，具体浓度限值见表 6-4。

表 6-4　我国水质标准中 VOCs 浓度限值情况

序号	化合物	《地表水环境质量标准》(GB 3838—2002) / (mg/L)	《生活饮用水卫生标准》(GB 5749—2022) / (mg/L)	《地下水质量标准》(GB 14848—2017) / (μg/L)					《污水综合排放标准》(GB 8978—1996) / (mg/L)			《城镇污水处理厂污染物排放标准》(GB 18918—2002) / (mg/L)
				I 类	II 类	III 类	IV 类	V 类	一级	二级	三级	
1	三氯甲烷	0.06	0.06	≤0.5	≤6	≤60	≤300	>300	0.3	0.6	1	0.3
2	四氯化碳	0.002	0.002	≤0.5	≤0.5	≤2.0	≤50.0	>50.0	0.03	0.06	0.5	0.03
3	三溴甲烷	0.1	0.1	≤0.5	≤10.0	≤100	≤800	>800	—	—	—	—
4	二氯甲烷	0.02	0.02	≤1	≤2	≤20	≤500	>500	—	—	—	—
5	1,2-二氯乙烷	0.03	0.03	≤0.5	≤3.0	≤30.0	≤40.0	>40.0	—	—	—	—
6	氯乙烯	0.005	0.001	≤0.5	≤0.5	≤5.0	≤90.0	>90.0	—	—	—	—
7	1,1-二氯乙烯	0.03	0.03	≤0.5	≤3.0	≤30.0	≤60.0	>60.0	—	—	—	—
8	1,2-二氯乙烯	0.05	0.05(总量)	≤0.5	≤5.0	≤50.0	≤60.0	>60.0	—	—	—	—
9	三氯乙烯	0.07	0.02	≤0.5	≤7.0	≤70.0	≤210	>210	0.3	0.6	1	0.3
10	四氯乙烯	0.04	0.04	≤0.5	≤4.0	≤40.0	≤300	>300	0.1	0.2	0.5	0.1
11	氯丁二烯	0.002	—	—	—	—	—	—	—	—	—	—
12	六氯丁二烯	0.0006	0.0006	—	—	—	—	—	—	—	—	—
13	苯乙烯	0.02	0.02	≤0.5	≤2.0	≤20.0	≤40.0	>40.0	—	—	—	—
14	苯	0.01	0.01	≤0.5	≤1.0	≤10.0	≤120	>120	0.1	0.2	0.5	0.1
15	甲苯	0.7	0.7	≤0.5	≤140	≤700	≤1400	>1400	0.1	0.2	0.5	0.1

序号	化合物	《地表水环境质量标准》(GB 3838—2002)/(mg/L)	《生活饮用水卫生标准》(GB 5749—2022)/(mg/L)	《地下水质量标准》(GB 14848—2017)/(μg/L)					《污水综合排放标准》(GB 8978—1996)/(mg/L)			《城镇污水处理厂污染物排放标准》(GB 18918—2002)/(mg/L)
				I类	II类	III类	IV类	V类	一级	二级	三级	
16	乙苯	0.3	0.3	≤0.5	≤30.0	≤300	≤600	>600	0.4	0.6	1	0.4
17	二甲苯	0.5	0.5	≤0.5	≤100	≤500	≤1 000	>1 000	0.4	0.6	1	0.4
18	异丙苯	0.25	—	—	—	—	—	—	—	—	—	—
19	氯苯	0.3	0.3	≤0.5	≤60.0	≤300	≤600	>600	0.2	0.4	1	0.3
20	1,2-二氯苯	1	1	≤0.5	≤200	≤1 000	≤2 000	>2 000	0.4	0.6	1	1
21	1,4-二氯苯	0.3	0.3	≤0.5	≤30.0	≤300	≤600	>600	0.4	0.6	1	0.4
22	三氯苯	0.02	0.02	≤0.5	≤4.0	≤20.0	≤180	>180	—	—	—	—
23	一氯二溴甲烷	—	0.1	—	—	—	—	—	—	—	—	—
24	二氯一溴甲烷	—	0.06	—	—	—	—	—	—	—	—	—
25	三卤甲烷	—	该类化合物中各种化合物的实测浓度与其各自限值的比值之和不超过1	—	—	—	—	—	—	—	—	—
26	四乙基铅	—	0.000 1	—	—	—	—	—	—	—	—	—
27	三氯乙醛	—	0.1	—	—	—	—	—	—	—	—	—
28	1,1,1-三氯乙烷	—	2	≤0.5	≤400	≤2 000	≤4 000	>4 000	—	—	—	—

序号	化合物	《地表水环境质量标准》(GB 3838—2002) / (mg/L)	《生活饮用水卫生标准》(GB 5749—2022) / (mg/L)	《地下水质量标准》(GB 14848—2017) / (μg/L)					《污水综合排放标准》(GB 8978—1996) / (mg/L)			《城镇污水处理厂污染物排放标准》(GB 18918—2002) / (mg/L)
				I 类	II 类	III 类	IV 类	V 类	一级	二级	三级	
29	1,2-二溴乙烷	—	0.000 05	—	—	—	—	—	—	—	—	—
30	五氯丙烷	—	0.03	—	—	—	—	—	—	—	—	—
31	丙烯腈	—	0.1	—	—	—	—	—	—	—	—	—
32	丙烯醛	—	0.1	—	—	—	—	—	—	—	—	—
33	1,1,2-三氯乙烷	—	—	≤0.5	≤0.5	≤5.0	≤60.0	>60.0	—	—	—	—
34	1,2-二氯丙烷	—	—	≤0.5	≤0.5	≤5.0	≤60.0	>60.0	—	—	—	—
35	2,4-二硝基甲苯	—	—	≤0.1	≤0.5	≤5.0	≤60.0	>60.0	—	—	—	—
36	2,6-二硝基甲苯	—	—	≤0.1	≤0.5	≤5.0	≤30.0	>30.0	—	—	—	—
37	萘	—	—	≤1	≤10	≤100	≤600	>600	—	—	—	—

注：三卤甲烷为三氯甲烷、一氯二溴甲烷、二氯一溴甲烷、三溴甲烷的总和，在 GB 3838—2002、GB 5749—2022 和 GB 14848—2017 中二甲苯为对-二甲苯、间-二甲苯和邻-二甲苯的总和，在 GB 8978—1996 和 GB 18918—2002 中二甲苯为三种二甲苯单个限值，三氯苯为 1,2,3-三氯苯、1,2,4-三氯苯、1,3,5-三氯苯的总和。

3.2 水环境介质中含量水平

（1）国外方面

水体中 VOCs 浓度因地理位置、环境条件、人为活动等因素而有较大差异。Di Lorenzo T 等于 2004—2009 年在希腊地下井水中检出 1,2-二氯乙烷、三氯乙烯、三氯甲烷等 8 种 VOCs，浓度为 0.05～94 900 μg/L；Squillace P J 等于 1992—1999 年在美国地下井水中检出苯、一溴二氯甲烷等 42 种 VOCs，浓度为 0.002～41.0 μg/L；Im J K 等于 2017 年对韩国汉江流域地表水检出顺式-1,2-二氯乙烯等 7 种 VOCs，浓度为 0.000 6～1.813 1 μg/L，详见表 6-5。

（2）国内方面

我国地表水中，通常检出的 VOCs 类化合物主要为三氯甲烷、四氯化碳和苯系物等物质，浓度一般均低于地表水标准限值。汤株宁等于 2006—2007 年在湘江株洲段地表水中检出了苯、甲苯、二甲苯、三氯甲烷和四氯化碳 5 种 VOCs，浓度为 0.002～0.911 μg/L；王雷在新疆阿克苏地表水中检出氯乙烯、1,1-二氯乙烯等 18 种 VOCs，最高浓度为 3.303 μg/L（甲苯）；宋娟在吉林长春生活饮用水水源地中检出二氯甲烷等 27 种 VOCs，浓度为 0.006～165.34 μg/L；贾文娟在沈阳市地下水饮用水水源地中检出三氯甲烷、苯等 12 种 VOCs，最高浓度为 8.10 μg/L（三氯甲烷）；季海峰等于 2014—2015 年在上海市金山区地表水中检出丁酮、二氯甲烷等 12 种 VOCs，浓度为 0.07～96.9 μg/L，详见表 6-6。

另外，在污水（废水）处理厂排口的下游水体中，可能检出消毒副产物类卤代烃，如一溴二氯甲烷、二溴氯甲烷等，浓度一般在 10 μg/L 以内。

表 6-5　国外水体中挥发性有机物检出情况

环境水体	地下水				
采样时间	2004—2009 年				
检测化合物	1,2-二氯乙烷、三氯乙烯、氯仿、四氯乙烯、苯、乙苯、甲苯、对-二甲苯共 8 种 VOCs				
检出化合物浓度/(μg/L)	希腊井水	1,2-二氯乙烷 1.00~6.20	三氯乙烯 0.25~45 000	氯仿 0.05~94 900	四氯乙烯 0.25~38 896
		苯 0.15~19.00	乙苯 2.50~14.00	甲苯 2.50~22.00	对-二甲苯 2.50~32.00
来源	Di Lorenzo T, Borgoni R, Ambrosini R, et al. Occurrence of volatile organic compounds in shallow alluvial aquifers of a Mediterranean region: Baseline scenario and ecological implications[J]. Science of the Total Environment, 2015, 538: 712-723				

环境水体	地下水				
采样时间	1992—1999 年				
检测化合物	苯、一溴二氯甲烷等 42 种 VOCs				
检出化合物浓度/(μg/L)	美国井水	苯 0.006~4.40	一溴二氯甲烷 0.007~7.00	丁苯 0.036~0.040	氯苯 0.002~3.51	一氯二溴甲烷 0.008~3.1
		氯乙烷 0.020~0.7	氯乙烯 0.054~4.7	氯甲烷 0.007~0.1	2-氯甲苯 0.004~2.73	1,2-二溴-3-氯丙烷 0.090~2.5
		1,2-二溴乙烷 0.01~0.90	二溴甲烷 0.01~0.05	1,2-二氯苯 0.004~0.73	1,3-二氯苯 0.001~0.10	1,4-二氯苯 0.004~1.15
		二氯二氟甲烷 0.010~1.2	1,1-二氯乙烷 0.008~0.56	1,2-二氯乙烷 0.2~2.7	1,1-二氯乙烯 0.005~0.72	顺式-1,2-二氯乙烯 0.006~12.1
		反式-1,2-二氯乙烯 0.010~0.18	二氯甲烷 0.009~2.2	1,2-二氯丙烷 0.01~19.4	乙苯 0.003~5.40	异丙苯 0.005~0.80

环境水体：地下水　采样时间：1992—1999年

检测化合物：苯、二溴二氯甲烷等42种VOCs

检出化合物浓度/（μg/L）（美国井水）：

检测化合物	浓度	检测化合物	浓度	检测化合物	浓度	检测化合物	浓度	检测化合物	浓度
异丙基甲苯	0.001~0.30	甲基叔丁基醚	0.010~30.2	甲苯	0.004~12.0	萘	1.8~2.5	正丙苯	0.04~0.60
苯乙烯	0.005~0.06	四氯乙烯	0.003~29.0	四氯化碳	0.010~0.60	三溴甲烷	0.006~3.09	1,1,1-三氯乙烷	0.002~3.00
三氯乙烯	0.002~14.3	三氯一氟甲烷	0.008~1.40	三氯甲烷	0.003~74.0	1,2,3-三氯丙烷	0.2~0.8	1,1,2-三氯-1,2,2-三氟乙烷	0.005~0.30
1,2,4三甲苯	0.004~12.0	1,3,5-三甲苯	0.02~4.00	二甲苯	0.3~41.0	—	—	—	—

来源：Squillace P J, Scott J C, Moran M J, et al. VOCs, pesticides, nitrate, and their mixtures in groundwater used for drinking water in the United States[J]. Environmental Science & Technology, 2002, 36 (9)：1923-1930

环境水体：地表水　采样时间：2017年

检测化合物：顺式-1,2-二氯乙烯、反式-1,2-二氯乙烯、六氯丁二烯、1,2-二氯丙烷、1,2-二氯丙烯、庚烷、1,3-二甲苯、1,4-二乙苯共7种VOCs

检出化合物浓度/（μg/L）（韩国汉江流域）：

检测化合物	浓度	检测化合物	浓度
顺式-1,2-二氯乙烯	0.002 2~0.452 8	1,3-二甲苯	0.013 3
反式-1,2-二氯乙烯	0.001 6~0.018 7	1,4-二乙苯	0.003 6~0.005 6
六氯丁二烯	0.000 6	—	—
1,2-二氯丙烷	0.000 6	—	—
1,2-二氯丙烯	0.001 1~1.813 1	—	—
庚烷	0.015 3~0.018 0	—	—

来源：Im J K, Yu S J, Kim S, et al. Occurrence, potential sources, and risk assessment of volatile organic compounds in the Han River Basin, South Korea[J]. International Journal of Environmental Research and Public Health, 2021, 18 (7)：3727

表 6-6　国内水体中挥发性有机物检出情况

环境水体	湘江株洲段					
采样时间	2006—2007 年					
检测化合物	苯、甲苯、二甲苯、三氯甲烷和四氯化碳 5 种 VOCs					
检测化合物浓度/(μg/L)	饮用水水源地	苯 0.010~0.089	甲苯 0.005~0.039	二甲苯 0.010~0.089	三氯甲烷 0.010~0.035	四氯甲烷 0.002~0.048
	断面地表水	苯 0.010~0.358	甲苯 0.005~0.911	二甲苯 0.010~0.125	三氯甲烷 0.011~0.077	四氯甲烷 0.001~0.066
来源	汤株宁, 许智林, 文新宇, 等. 湘江株洲段水质挥发性有机物污染现状及防治对策研究[J]. 湖南工业大学学报, 2008 (2): 63-67.					

环境水体	新疆阿克苏					
采样时间	2016 年					
检测化合物	氯乙烯、1,1-二氯乙烯等 18 种 VOCs					
检测化合物浓度/(μg/L)	生活饮用水	氯乙烯 ND~0.109	1,1-二氯乙烯 ND~0.006	反式-1,2-二氯乙烯 ND~0.102	氯丁二烯 ND~0.050	苯 ND~0.065
		顺式-1,2-二氯乙烯 ND~0.051	三氯甲烷 ND~1.470	苯 ND~3.67	三氯乙烷 ND~1.278	四氯化碳 ND~0.373
		三氯乙烯 ND~0.027	甲苯 ND~3.303	四氯乙烯 ND~0.044	乙苯 ND~0.088	氯苯 ND~0.023
		对/间-二甲苯 ND~0.039	邻-二甲苯 ND~0.052	苯乙烯 ND~0.145	1,4-二氯苯 ND~0.040	异丙苯 ND~0.033
		1,2-二氯苯 ND~0.596	六氯丁二烯 ND~0.045	—	—	—
来源	王雷, 周凌飔, 魏涛. 阿克苏饮用水水源中挥发性有机物污染现状评价及对策[J]. 新疆环境保护, 2017, 39 (1): 41-45, 54.					

环境水体	吉林长春				
采样时间	2018年				
检测化合物	二氯甲烷、氯乙烯、甲苯、四氯化碳、正丙苯等27种VOCs				
检出化合物浓度/(μg/L)（生活饮用水）	二氯甲烷 0.01~20.12	三氯甲烷 0.006~165.34	1,2-二氯甲烷 0.008~6.52	一溴二氯甲烷 0.01~8.31	一氯二溴甲烷 0.012~4.49
	1,3-二氯苯 0.004~0.15	1,4-二氯苯 0.004~0.18	三溴甲烷 0.04~3.19	对甲基异丙苯 0.006~126.25	正丁基苯 0.006~3.41
	苯 0.004~0.32	甲苯 0.012~0.77	苯乙烯 0.01~0.76	1,1,1-三氯乙烷 0.01~0.31	二溴甲烷 0.02~0.79
	1,1,2,2-四氯乙烷 0.01~0.24	四氯化碳 0.008~1.64	1,1-三氯甲烷 0.006~0.43	1,1,2-三氯乙烷 0.01~0.20	1,2,3-三氯甲烷 0.012~2.1
	1,2-二氯丙烷 0.02~0.96	异丙苯 0.006~0.17	乙苯 0.022~0.53	二甲苯 0.008~0.54	氯苯 0.008~2.31
	四氯乙烯 0.014~0.30	氯乙烯 0.02~0.71	—	—	—
来源	宋娟. 生活饮用水挥发性有机物检测结果研究[J]. 临床医药文献电子杂志, 2018, 5 (64): 192, 194				

环境水体	沈阳		
采样时间	2020年		
检测化合物	三氯甲烷、苯等12种VOCs		
检出化合物浓度/(μg/L)（地下水饮用水水源地）	三氯甲烷 ND~8.1	二氯甲烷 0.9~1.0	1,1,2-三氯乙烷 ND~0.7
	苯 ND~2.1	1,2-二氯乙烷 0.6~3.2	

环境水体	沈阳				
采样时间	2020 年				
检测化合物	三氯甲烷、苯等 12 种 VOCs				

检出化合物浓度/（µg/L）　地下水饮用水水源地

检出化合物	浓度/（µg/L）
1,2-二氯丙烷	ND~0.9
四氯乙烯	ND~0.7
三溴甲烷	ND~2.5
氯苯	ND~0.2
1,1-二氯乙烯	ND~1.7
顺式-1,2-二氯乙烯	ND~0.5
三氯乙烯	ND~0.8

来源：贾文娟. 沈阳市地下水饮用水水源挥发性有机物分布特征及风险评价[J]. 湖南生态科学学报, 2022, 9 (3)：65-70.

环境水体	上海市金山区				
采样时间	2014—2015 年				
检测化合物	二氯甲烷、丁酮等 12 种 VOCs				

检出化合物浓度/（µg/L）　地表水

检出化合物	浓度/（µg/L）
丁酮	0.17~7.89
二甲苯	0.07~0.44
苯	1.97~4.18
四氢呋喃	0.32~34.3
1,2-二氯乙烷	0.36~5.96
二硫化碳	0.97~0.97
三氯甲烷	0.33~47.9
1,4-二氯苯	0.23~0.23
三氯乙烯	0.13~2.38
丙酮	25.1~96.9
乙酸甲酯	3.03~3.29
甲苯	1.78~27.9

来源：季海峰, 王丽华, 吴云, 等. 上海市金山区地表水中挥发性有机物检测结果分析[J]. 中国卫生检验杂志, 2020, 30 (4)：509-512.

3.3 数据审核

（1）空白和本底干扰

每批样品应至少采集 1 个全程序空白样品，该空白中目标化合物浓度应小于下列条件的最大值：①方法检出限；②相关环保标准限值的 5%；③样品分析结果的 5%。若不满足上述要求，则应从以下几方面排查原因并在采取措施后重新分析同批样品。一是检查同批次实验室空白样品的测定结果，用于评估实验用水是否含有本底干扰或实验室环境是否存在相关溶剂污染；二是通过谱图叠加比对的方式，核查是否受到同批次中其他高浓度样品的干扰。如果空白样品中检出的物质主要为二氯甲烷、三氯甲烷、正己烷、四氯乙烯、二硫化碳和丙酮等实验室常用的试剂类 VOCs，应重点核查实验室环境的干扰问题；如果空白样品中检出的物质比较杂或比较多，应重点核查其他高浓度样品残留所导致的干扰问题。

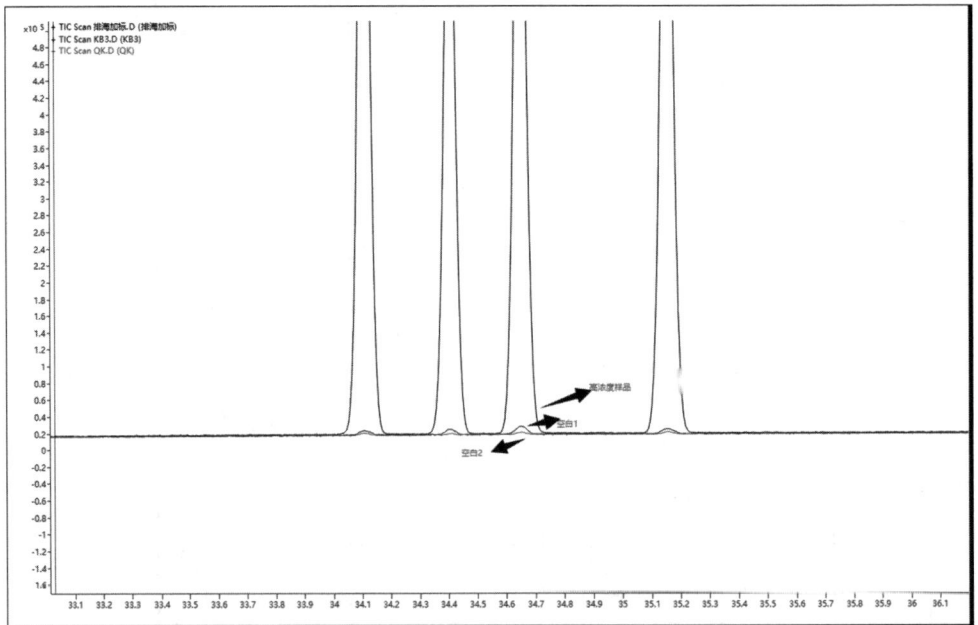

图 6-2 分析高浓度样品后的两个空白样品谱图

（2）假阳性判断

本方法主要通过保留时间和特征离子及其丰度比定性。当样品中某物质的定量离子有检出，但该定量离子与定性离子保留时间不一致时，或者样品中相对丰度超过 30% 的各特征离子的丰度比与标准谱图的偏差超过 30% 时，一般可判断为假阳性。

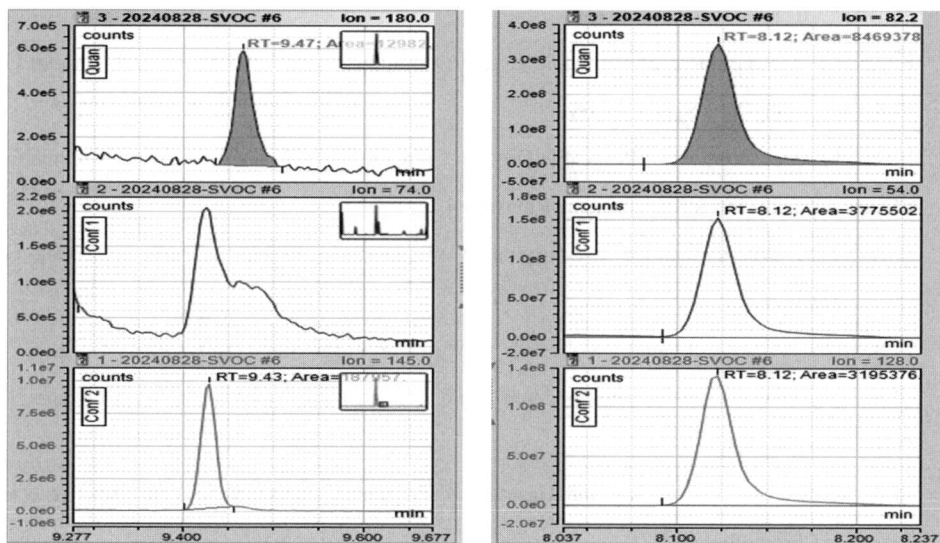

图 6-3　假阳性谱图（左）和正常谱图（右）

（3）仪器性能判断

吹扫捕集-气相色谱质谱法自动化程度比较高，可通过连续校准点的相对误差和内标响应值的变化，判断仪器运行时的性能状况。如果上述任何一个指标出现异常变化，均可能提示分析过程出现了问题，如捕集阱受到污染、仪器状态发生改变或者样品基质存在干扰等情况。在样品分析中，稳定的内标响应和较小的连续校准点分析误差，均能表明整个分析过程处于良好的控制状态。除此之外，还应重点关注以下四种化合物的最小相对响应因子是否满足：1,1-二氯乙烷≥0.10、溴仿≥0.10、氯苯≥0.30、1,1,2,2-四氯乙烷≥0.30，以考察吹扫捕集系统的洁净度和质谱仪的灵敏度是否满足分析要求，避免因吸附和脱氢氧化等理化反应导致的仪器响应值明显下降的问题，从而进一步确保样品分析结果的准确性和可靠性。

参考文献

[1] 中国环境监测总站. 新污染物监测采集、保存和运输的技术要求[M]. 北京：中国环境出版集团，2024.

[2] 生态环境部. 水质　挥发性有机物的测定　吹扫捕集/气相色谱-质谱法（征求意见稿）编制说明：2011.

[3] EPA524.1. Measurement of Purgeable Organic Compounds in Water by Packed Column Gas Chromatography/Mas Spectrometry.

[4] EPA524.2. Measurement of Purgeable Organic Compounds in Water by Capillary Column Gas Chromatography/Mass Spectrometry-Revision 4.1.

[5] EPA 502.1. Volatile Halogenated Organic Compounds in Water by Purge and Trap Gas Chromatography.

[6] EPA 502.2. Volatile Organic Compounds in Water by Purge and Trap Capillary Column Gas Chromatography with Photoionization and Electrolytic Conductivity Detectors in Series-Revision 2.1.

[7] EPA 503.1. Volatile Aromatic and Unsaturated Organic Compounds in Water by Purge and Trap Gas Chromatography.

[8] EPA 504.1,2-Dibromoethane（EDB）and 1,2-Dibromo-3-Chloropropane（DBCP）in Water by Microextractionand Gas Chromatography.

[9] EPA 601. Purgeable Halocarbons（GC）.

[10] EPA 602. Purgeable Aromatics（GC）.

[11] EPA 624. Purgeable（GC/MS）.

[12] EPA8260B. Volatile Organic Compounds by Gas Chromatography/Mass Spectrometry（GC/MS）.

[13] 生态环境部. 水质　挥发性有机物的测定　顶空/气相色谱-质谱法（征求意见稿）编制说明：2014.

第 7 章 全氟己基磺酸、全氟辛酸和全氟辛基磺酸及其盐类的测定

1 基本概况

1.1 理化性质

烷基链和官能团（R）是构成有机化合物的基本单元，当与烷基链上碳原子（C）链接的氢原子（H）全部被氟原子（F）取代则形成了全氟化合物（Perfluorinated Compounds，PFCs），其主要来自人工合成。目前，在各类管理文件和技术文件中，针对 PFCs 的表达形式主要包括全氟酸类、全氟盐类、全氟磺酰氟 3 种（相关代表性化合物结构式如图 7-1 所示）。全氟酸类主要包括全氟羧酸和全氟磺酸两大类，其中，全氟羧酸的 R 为羧酸（—COOH）、全氟磺酸的 R 为磺酸（—SO_3H），它们的中、英文命名均采用"全氟+C 数量+R 名称"的形式（表 7-1），全氟羧酸的"羧"字可省去；当全氟酸类—COOH 或—SO_3H 中的氢离子（H^+）被替换成钾离子（K^+）、钠离子（Na^+）、铵离子（NH_4^+）或其他更复杂的盐离子时就形成了全氟盐类；而当全氟磺酸—SO_3H 中的羟基（—OH）也被 F 取代了则形成了全氟磺酰氟，它们可通过水解反应生成全氟磺酸，是工业合成全氟磺酸重要的前体物。

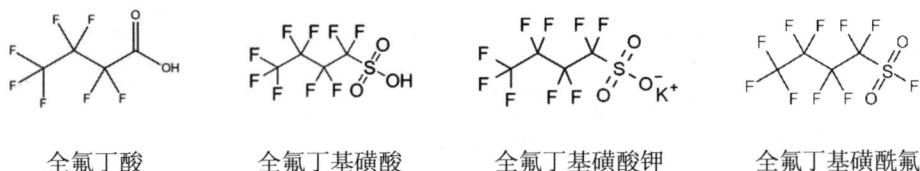

| 全氟丁酸 | 全氟丁基磺酸 | 全氟丁基磺酸钾 | 全氟丁基磺酰氟 |

图 7-1 全氟酸类、全氟盐类、全氟磺酰氟代表性化合物结构式

注[1]：全氟酸类和全氟盐类溶于水后都会以全氟酸根的形式存在，不管是酸还是盐，最后测的都是酸根，所以两者不需要进行区分、可同时分析，以"酸及其盐"的统称报结果，具体数值以酸计；但全氟磺酰氟的结构已与它们明显不同，分析方法上也有较大差别，结果需另外报。

表 7-1　常见全氟酸类一览表

类别	C 数	英文名	英文简写	中文名
全氟羧酸	4	perfluorobutanoic acid	PFBA	全氟丁酸
	5	perfluoropentanoic acid	PFPeA	全氟戊酸
	6	perfluorohexanoic acid	PFHxA	全氟己酸
	7	perfluoroheptanoic acid	PFHpA	全氟庚酸
	8	perfluorooctanoic acid	PFOA	全氟辛酸
	9	perfluorononanoic acid	PFNA	全氟壬酸
	10	perfluorodecanoic acid	PFDA	全氟癸酸
	11	perfluoroundecanoic acid	PFUdA	全氟十一酸
	12	perfluorododecanoic acid	PFDoA	全氟十二酸
	13	perfluorotridecanoic acid	PFTrDA	全氟十三酸
	14	perfluorotetradecanoic acid	PFTeDA	全氟十四酸
	16	perfluorohexadecanoic acid	PFHxDA	全氟十六酸
	18	perfluorooctadecanoic acid	PFODA	全氟十八酸
全氟磺酸	4	perfluorobutanesulfonic acid	PFBS	全氟丁基磺酸
	5	perfluoropentanesulfonic acid	PFPeS	全氟戊基磺酸
	6	perfluorohexanesulfonic acid	PFHxS	全氟己基磺酸
	7	perfluoroheptanesulfonic acid	PFHpS	全氟庚基磺酸
	8	perfluorooctanesulfonic acid	PFOS	全氟辛基磺酸
	9	perfluorononanesulfonic acid	PFNS	全氟壬基磺酸
	10	perfluorodecanesulfonic acid	PFDS	全氟癸基磺酸
	12	perfluorododecanesulfonic acid	PFDoS	全氟十二磺酸

烷基链极性较弱具有疏水性，而末端—COOH 或—SO₃H 官能团极性较强，具有亲水性（疏油性），使得 PFCs 具有独特的表面活性。因为链越短、疏油性越强，链越长、疏水性越强，所以中长链（如全氟己基磺酸 PFHxS、全氟辛酸 PFOA、全氟壬酸 PFNA、全氟辛基磺酸 PFOS）兼具疏油、疏水能力。同时因为 C—F 键的键能非常高（约 460 kJ/mol），所以这类化合物理化性质非常稳定，能够耐热、耐光照、耐腐蚀，甚至被称为"永不消失的化学品"。鉴于上述特点，PFCs 从 20 世纪 40 年代开始广泛应用于电镀工业抑雾剂、消防泡沫、纺织品、涂料、皮革、地毯、化妆品、纸张、不粘锅涂层、家具、油漆、杀虫剂、洗涤剂、抛光剂、润滑剂、电子化学品、半导体或含氟聚合物添加剂等诸多领域。

1.2　环境危害

PFCs 在给人类生活带来便利的同时，也对人体健康和环境安全产生了不可逆的伤害。大量的生物监测和毒理学研究发现它们能够从不同途径（图 7-2）进入生物体且半衰期很长，还会沿着食物链传递产生生物富集放大效应，积累到一定阈值后，会破坏生物组织、器官的正常活动，扰乱细胞功能，最终导致发育、免疫、胚胎、生殖、神经等方面的毒性危害，还会引起肝中毒、产生内分泌干扰，甚至引发癌症。由于 PFCs 异常稳定还能远距离迁移，在空气、土壤、地表水、地下水、海洋、沉积物等环境介质以及生物介质（动植物、人体血清等）中已被广泛检出，在青藏高原、南北两极等极端区域也可检测到 PFCs。

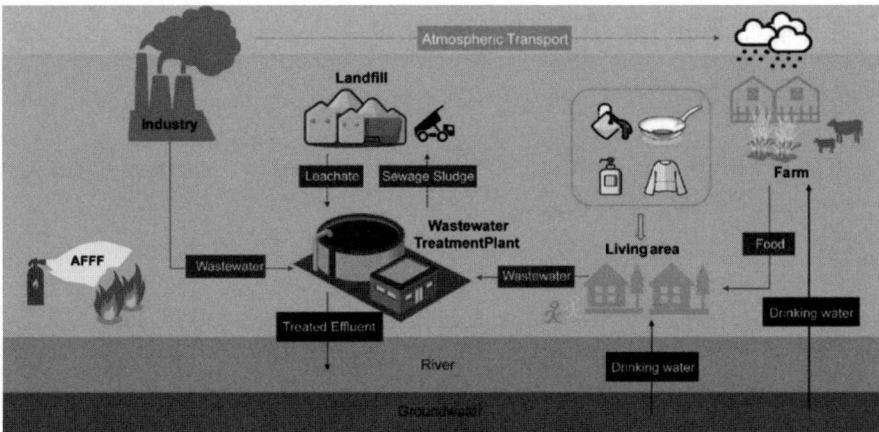

图 7-2　PFCs 的主要迁移途径

考虑到 PFCs 的负面影响，一些替代品应运而生，早期以短链化合物（如全氟丁酸 PFBA 等）为主，现阶段还包括氟调聚物和聚醚类物质。其中，氟调聚物也称多氟化合物，它们烷基链中的部分 H 没有被 F 取代，名称与 PFCs 相同，只是在前面标注出 H 的位置和数量（如 1H，1H，2H，2H-全氟己基磺酸），或者采用与 F 链接 C 数和与 H 链接 C 数的比值表示（如 4：2FTS/氟调磺酸），主要包括氟调聚羧酸、氟调聚磺酸和氟调聚醇。另外，可以在 PFCs 结构中添加一个或多个氧原子（O）形成聚醚类物质，如 9-氯-3-氧杂全氟壬基磺酸（F53B）和 4,8-二氧杂-3-H-全氟壬酸（HFPO-DA）等。虽然替代品的毒性小于传统 PFCs，但健康和环境风险依然存在。

2 监测方法解读

2.1 引用标准

《水质 全氟辛基磺酸和全氟辛酸及其盐类的测定 同位素稀释/液相色谱-三重四极杆质谱法》（HJ 1333—2023）

《水质 17 种全氟化合物的测定 高效液相色谱-串联质谱法》（DB32/T 4004—2021）

《新污染物调查监测试点样品采集流转和保存技术规定（水质 全氟化合物的测定 固相萃取/液相色谱-三重四极杆质谱法）》

2.2 分析方法原理

水中的 PFHxS、PFOA 和 PFOS 及其盐类经弱阴离子交换固相萃取柱富集净化后，用液相色谱-三重四极杆质谱仪测定，根据特征离子对和保留时间定性，同位素稀释法定量。

注[2]：方法所述目标化合物为直链PFHxS（CAS号：355-46-4）及其盐类（perfluorohexanesulfonic acid/perfluorohexanesulfonate）、直链PFOA（CAS号：335-67-1）及其盐类（perfluorooctanoic acid/perfluorooctanoate）、直链PFOS（CAS号：1763-23-1）及其盐类（perfluorooctanesulfonic acid/perfluorooctanesulfonate），若需测定其他直链PFCs或相关支链化合物，可优化测试条件后使用本方法；PP

或PE材质会吸附水相中长链化合物，当使用该类材质器皿盛装水样且需测定长链化合物时，建议采取下述措施之一并尽快测定：①分析前进行超声处理；②加适量甲醇作为基改剂；③换用玻璃容器；部分PP或PE材质在有甲醇存在时会析出影响测定的干扰物，建议结合空白试验做好耗材验收。

当取样量为 500 mL、试样定容体积为 1.0 mL、进样体积为 5.0 μL 时，PFHxS（以对应酸的浓度计）的方法检出限为 0.3 ng/L，测定下限为 1.2 ng/L；PFOA（以对应酸的浓度计）的方法检出限为 0.5 ng/L，测定下限为 2.0 ng/L；PFOS（以对应酸的浓度计）的方法检出限为 0.6 ng/L，测定下限为 2.4 ng/L。

注[3]：当采用直接进样法或在线固相萃取法分析时，方法检出限和测定下限需达到上述浓度水平。

2.3　试剂和材料

除非另有说明，分析时均使用符合国家标准的分析纯化学试剂，实验用水为新制备的不含目标化合物的纯水。

2.3.1　甲醇（CH_3OH）：色谱纯。

2.3.2　乙酸（CH_3COOH）：色谱纯。

2.3.3　氨水（$NH_3 \cdot H_2O$）：$w \in [25\% \sim 28\%]$。

2.3.4　乙酸铵（CH_3COONH_4）：优级纯。

2.3.5　氨水-甲醇混合溶液。

用氨水（2.3.3）和甲醇（2.3.1）按 2∶98 的体积比混合，临用现配。

2.3.6　乙酸铵水溶液：c（CH_3COONH_4）=2 mmol/L。

取 154 mg 乙酸铵（2.3.4），加入 1 000 mL 水中溶解，临用现配。

2.3.7　乙酸铵缓冲液：pH≈4。

取 387 mg 乙酸铵（2.3.4）、1.143 mL 乙酸（2.3.2）、1 000 mL 水，混匀。

2.3.8　目标化合物贮备液：ρ =50.0 μg/mL（参考浓度）。

购买市售有证混合标准溶液（包含 PFHxS、PFOA 和 PFOS），按照证书要求保存，使用时恢复至室温并摇匀。

注[4]：样品测定结果以目标化合物对应酸的浓度计，若标准物质浓度以钾盐或钠盐计时需要折算为相应酸的浓度，若标准物质浓度以酸根计时不必折算。

2.3.9　目标化合物使用液：ρ =1.00 μg/mL（参考浓度）。

用甲醇（2.3.1）稀释目标化合物贮备液（2.3.8），密封、避光，4℃以下冷藏可保存 60 d。

2.3.10 提取内标贮备液：ρ =2.00 μg/mL（参考浓度）。

购买市售有证混合标准溶液（包含 $^{18}O_2$-PFHxS、$^{13}C_4$-PFOA 和 $^{13}C_4$-PFOS 或等效同位素内标），按照证书要求保存，使用时恢复至室温并摇匀。

2.3.11 提取内标使用液：ρ =0.200 μg/mL（参考浓度）。

用甲醇（2.3.1）稀释提取内标贮备液（2.3.10），密封、避光，4℃以下冷藏可保存 60 d。

2.3.12 进样内标贮备液：ρ =50.0 μg/mL（参考浓度）。

购买市售 $^{13}C_2$-PFOA（或等效同位素内标，与提取内标不同）的有证标准溶液，按照证书要求保存，使用时恢复至室温并摇匀。

2.3.13 进样内标使用液：ρ =0.200 μg/mL（参考浓度）。

用甲醇（2.3.1）稀释进样内标贮备液（2.3.12），密封、避光，4℃以下冷藏可保存 60 d。

2.3.14 弱阴离子交换固相萃取柱：填料为键合哌嗪的 N-乙烯基吡咯烷酮-二乙烯基苯共聚物，150 mg/6 mL 或更大容量，或其他等效固相萃取柱。

注[5]：弱阴离子交换柱的吸附端为弱阳离子（哌嗪官能团），吸附对象为强阴离子 PFCs，调节 pH 是为了改变吸附端的状态。

2.3.15 滤膜：玻璃纤维或其他等效材质，0.45 μm。

2.3.16 针头式过滤器：聚丙烯、尼龙或其他等效材质，0.22 μm。

2.3.17 移液枪枪头：聚丙烯材质，200 μL、1 000 μL 等。

2.3.18 氮气：纯度≥99.99%。

2.4 仪器和设备

2.4.1 液相色谱-三重四极杆质谱仪：液相色谱仪具备梯度洗脱功能；三重四极杆质谱仪配有电喷雾离子源，具备多反应监测（MRM）功能。

注[6]：聚四氟乙烯（别称特氟龙，PTFE）的生产过程中可能会使用 PFCs，使用相关材质会引入正干扰。若仪器管路存在 PFCs 本底干扰，可将液相部分 PTFE 材质配件更换为聚醚醚酮或不锈钢材质，或在液相溶剂混合器和进样阀之间串联一支与色谱柱（2.4.2）填料相同的捕集柱（2.4.3），样品中目标化合物直接进入色谱柱，而管路中本底干扰先由捕集柱吸附解吸后再进入色谱柱，因此本底干扰出峰时间较样品中目标化合物晚，实现分离。

2.4.2　色谱柱：填料为十八烷基硅烷键合硅胶，填料粒径为 1.8 μm，柱长为 100 mm，内径为 2.1 mm，或其他等效色谱柱。

2.4.3　捕集柱：填料为十八烷基硅烷键合硅胶，填料粒径为 1.8～2.7 μm，柱长为 50～100 mm，内径为 2.1～4.6 mm，或其他等效色谱柱。

注[7]：PFBA 作为早期中长链化合物替代品，极易存在本底干扰。但其极性较强，在 C_{18} 等反相柱上的保留较弱，延迟效果有限，建议选择极性更强的捕集柱；另外，随着试样中甲醇占比的升高，溶剂效应逐渐增强，捕集柱的延迟效果也会受影响，建议以水相配制。

2.4.4　固相萃取装置：富集管路和固相萃取柱适配器为聚丙烯材质。

注[8]：2.4.4～2.4.5，2.4.8～2.4.12 也可使用不含目标化合物或干扰物的其他材质。

2.4.5　水样抽滤装置：聚砜树脂或其他等效材质。

2.4.6　浓缩装置：氮吹仪或其他等效设备。

2.4.7　移液枪：20 μL、50 μL、100 μL、200 μL、1 000 μL 等。

2.4.8　烧杯：聚丙烯材质，500～1 000 mL。

2.4.9　量筒：聚丙烯材质，500～1 000 mL。

2.4.10　离心管：聚丙烯材质，10～15 mL。

2.4.11　进样瓶：聚丙烯材质，2 mL。

2.4.12　容量瓶：聚丙烯材质，5 mL。

2.4.13　一般实验室常用仪器和设备。

2.5　前处理

2.5.1　试样的制备

（1）过滤

量取 500 mL 样品于烧杯（2.4.8）中，向样品中添加 50.0 μL 提取内标使用液（2.3.11），混匀，使用水样抽滤装置（2.4.5）和滤膜（2.3.15）过滤样品。滤液用乙酸（2.3.2）或氨水（2.3.3）调节 pH 至 6～8。

注[9]：对于基质复杂的样品，抽滤应采用少量多次的原则。

注[10]: 弱阴离子交换柱一般采取酸性上样，使哌嗪吸附端保持正离子状态吸附目标化合物阴离子，pH 可以低至 4，但不能高于 8，否则哌嗪官能团会以中性分子形式存在，影响萃取效果。

（2）固相萃取

依次用 6 mL 氨水-甲醇混合溶液（2.3.5）、6 mL 甲醇（2.3.1）和 6 mL 水活化弱阴离子交换固相萃取柱（2.3.14），在活化过程中应确保固相萃取柱中填料不暴露于空气中。将过滤后的样品以 3～5 mL/min 的流速通过固相萃取柱。上样结束后，用 6 mL 水和 8 mL 乙酸铵缓冲液（2.3.7）淋洗固相萃取柱，弃去淋洗液。固相萃取柱用氮气（2.3.18）吹扫或用真空泵抽气干燥 10 min，去除柱中残留水分。用 8 mL 甲醇（2.3.1）以 1～3 mL/min 的流速淋洗固相萃取柱，弃去淋洗液。再用 6 mL 氨水-甲醇混合溶液（2.3.5）以 1～3 mL/min 的流速淋洗固相萃取柱，收集洗脱液于离心管（2.4.10）中。

注[11]: 当样品中目标化合物含量较高时，可先采用直接进样法分析；若仍需进行固相萃取，弱阴离子交换柱可换用 500 mg/6 mL 或更大容量，也可减少取样量以防止填料穿透。

也可根据仪器配置采用在线固相萃取法分析，过滤后的样品加入提取内标后直接上机，采用曲线 1（注[18]）定量，根据仪器状况设定合适的固相萃取条件，测定结果满足质量保证和质量控制的要求即可。当测定 PFUdA、PFDoA、PFTrDA 和 PFTeDA 时，需另外加入体积分数 50%的甲醇作为基改剂，并采用曲线 2（注[18]）定量。

注[12]: 用乙酸铵缓冲液淋洗萃取柱可以保持哌嗪官能团处于阳离子状态。

注[13]: 上样完成后，小柱中的水应尽量抽干，否则会延长浓缩时间。

注[14]: 当测定长链化合物时，建议洗脱前不用甲醇淋洗或收集甲醇洗脱液。

注[15]: 由于环境样品中色素多为强极性物质，容易在弱阴离子柱上发生共萃，净化效果有限，上样后应关注仪器状态并定期维护。

（3）浓缩

用浓缩装置（2.4.6）将洗脱液浓缩至近干，加入 50.0 μL 进样内标使用液（2.3.13），用甲醇（2.3.1）定容至 1.0 mL，混匀后经针头式过滤器（2.3.16）过滤，待测。

2.5.2 空白试样的制备

以实验用水代替样品，按照与试样的制备（2.5.1）相同步骤进行实验室空白试样的制备。

2.6　分析测试

2.6.1　仪器参考条件

（1）液相色谱参考条件

使用甲醇（2.3.1）和乙酸铵水溶液（2.3.6）作为流动相。柱温：35℃；进样量：5.0 μL；流速：0.3 mL/min；梯度洗脱程序见表 7-2。

表 7-2　梯度洗脱程序

时间/min	甲醇/%	乙酸铵水溶液/%
0	30	70
7	60	40
13	95	5
16	95	5
16.1	30	70
20	30	70

注[16]：本方法主要针对直链化合物，若支链异构体对测定存在干扰，应优化色谱条件使两者有效分离，支链异构体出峰时间早于直链化合物。若需要监测同一化合物直链和支链异构体总量，可取消对其分离度的要求，并通过相关标准品考察合并定量的可靠性。

（2）质谱参考条件

电喷雾离子源，负离子模式；监测方式：多反应监测（MRM）；毛细管电压：2 500 V，真空接口温度：200℃，去溶剂气温度：350℃，雾化气流量：1.0 L/min，去溶剂气流量：15 L/min，反吹气流量：1.5 L/min，碰撞气流量：0.25 mL/min。化合物多反应监测条件见表 7-3。

表 7-3　化合物多反应监测条件

编号	化合物	离子对（m/z）	锥孔电压/V	碰撞能量/V
1	PFHxS	$399>99^*$	200	41
		$399>80^\#$	200	50
2	$^{18}O_2$-PFHxS	$403>103^*$	200	41
		$403>84^\#$	200	50
3	PFOA	$413>369^*$	90	2
		$413>169^\#$	90	15
4	$^{13}C_2$-PFOA	$415>370^*$	90	2
		$415>169^\#$	90	15
5	$^{13}C_4$-PFOA	$417>372^*$	90	2
		$417>172^\#$	90	15
6	PFOS	$499>99^*$	220	49
		$499>80^\#$	220	65
7	$^{13}C_4$-PFOS	$503>99^*$	220	49
		$503>80^\#$	220	65

注：*为定量离子，#为辅助定性离子。

（3）仪器调谐

测试前应按照仪器说明书进行仪器调谐并确认仪器性能，仪器性能正常后进行样品测试。

2.6.2　校准曲线的建立

移取适量目标化合物使用液（2.3.9）于容量瓶（2.4.12）中，加入 250 μL 提取内标使用液（2.3.11）和 250 μL 进样内标使用液（2.3.13），用甲醇（2.3.1）稀释至刻度线，配制不少于 5 个浓度点的标准系列，标准系列目标化合物参考浓度分别为 1.00 ng/mL、2.00 ng/mL、5.00 ng/mL、10.0 ng/mL、20.0 ng/mL、50.0 ng/mL、100 ng/mL，提取内标和进样内标参考浓度均为 10.0 ng/mL。按照仪器参考条件（2.6.1），由低浓度到高浓度依次分析标准系列溶液。记录各化合物的保留时间和定量离子峰面积，并采用平均相对响应因子法或最小二乘法对目标化合物和提取内标进行数据拟合（拟合方法参见"第 2 章　乙草胺的测定 3.7.2"），目标化合物用提取内标定量、提取内标用进样内标定量。

注[17]：计算目标化合物（PFHxS、PFOA 和 PFOS）质量浓度时，内标物为对应提取内标($^{18}O_2$-PFHxS、$^{13}C_4$-PFOA 和 $^{13}C_4$-PFOS)；计算提取内标($^{18}O_2$-PFHxS、$^{13}C_4$-PFOA 和 $^{13}C_4$-PFOS)质量浓度时，内标物为上机内标（ $^{13}C_2$-PFOA ）。

注[18]：在线固相萃取法应配制工作曲线，用水稀释目标化合物使用液（2.3.9），并加入提取内标使用液（2.3.11），工作曲线参考浓度分别为 2.00 ng/L、5.00 ng/L、10.0 ng/L、20.0 ng/L、50.0 ng/L、100 ng/L，提取内标参考浓度为 20.0 ng/L（曲线 1）。当测定 PFUdA、PFDoA、PFTrDA 和 PFTeDA 时，需在曲线 1 配制过程的基础上加入体积分数 50%的甲醇作为基改剂，建立另一条工作曲线（曲线 2）。

2.6.3　试样的测定

按照与校准曲线的建立（2.6.2）相同步骤测定试样（2.5.1）。

注[19]：若测定结果超过曲线最高点，应减少取样量重新进行固相萃取；当采用直接进样法或在线固相萃取法时，可减少进样量或对水样进行稀释后重新测定。

2.6.4　空白试样的测定

按照与试样的测定（2.6.3）相同步骤测定实验室空白试样（2.5.2）。

2.7　结果的计算与表示

2.7.1　定性分析

根据保留时间与离子对丰度比定性，目标化合物保留时间应与样品中对应提取内标保留时间一致。比较样品中目标化合物定性离子对的相对丰度 K_{sam} 与浓度接近的标准溶液中定性离子对相对丰度 K_{std}，绝对偏差在±30%以内时（ $K_{std} \leqslant 10\%$ 的化合物，其相对丰度绝对偏差允许范围可扩大至±50%以内），即可判定样品中存在目标化合物。K_{sam} 和 K_{std} 计算公式参见"第 2 章　乙草胺的测定 3.7.1"。

注[20]：有对应同位素提取内标的，同一试样中目标化合物和提取内标保留时间的相对偏差应在±2.5%以内；使用其他化合物同位素为提取内标的，试样中目标化合物保留时间和标准溶液中该目标化合物比较，偏差应≤0.2 min。

化合物总离子流参考色谱图见图 7-3。

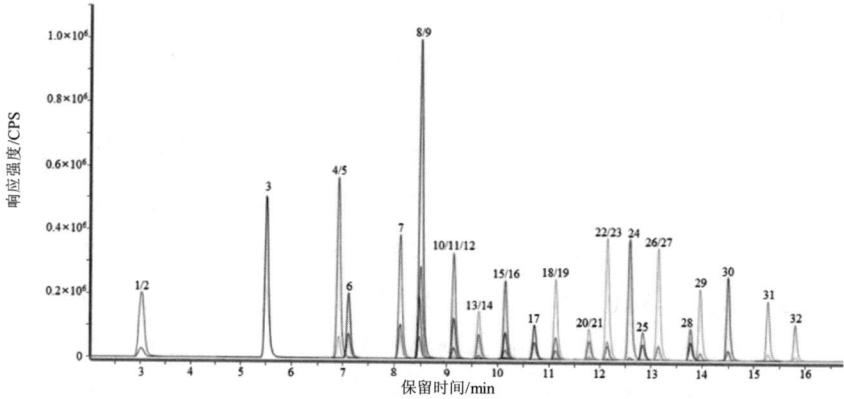

1—PFBA；2—$^{13}C_4$-PFBA；3—PFPeA；4—PFHxA；5—$^{13}C_2$-PFHxA；6—PFBS；7—PFHpA；
8—PFPeS；9—HFPO-DA；10—PFOA；11—$^{13}C_4$-PFOA；12—$^{13}C_2$-PFOA；13—PFHxS；
14—$^{18}O_2$-PFHxS；15—PFNA；16—$^{13}C_5$-PFNA；17—PFHpS；18—PFDA；19—$^{13}C_2$-PFDA；
20—PFOS；21—$^{13}C_4$-PFOS；22—PFUdA；23—$^{13}C_2$-PFUdA；24—F53B；25—PFNS；26—PFDoA；
27—$^{13}C_2$-PFDoA；28—PFDS；29—PFTrDA；30—PFTeDA；31—PFHxDA；32—PFODA。

图 7-3 化合物总离子流参考色谱图

2.7.2 结果计算

样品中目标化合物质量浓度按照式（7-1）计算。

$$\rho_i = \frac{\rho_{c,i} \times V_c}{V} \qquad (7\text{-}1)$$

式中：ρ_i——样品中目标化合物 i 的质量浓度，ng/L；

  $\rho_{c,i}$——仪器测得试样中目标化合物 i 的质量浓度，ng/mL；

  V_c——试样定容体积，mL；

  V——样品体积，L。

注[21]：当采用在线固相萃取法时，仪器测得结果即为样品中目标化合物的质量浓度。当测定 PFUdA、PFDoA、PFTrDA 和 PFTeDA 时，因工作曲线和样品中均加入了体积分数 50%的甲醇作为基改剂，可不必折算甲醇体积、直接以曲线 1（注[18]）浓度进行拟合计算。

试样中提取内标 i 质量按照式（7-2）计算。

$$m_{es,i} = \rho_{es,i} \times V_c \qquad (7\text{-}2)$$

式中：$m_{es,i}$——提取内标 i 的质量，ng；

$\rho_{es,i}$——仪器测得试样中提取内标 i 的质量浓度，ng/mL；

V_c——试样定容体积，mL。

2.7.3　结果表示

测定结果小数点后位数的保留与方法检出限一致，最多保留 3 位有效数字。

2.8　质量保证和质量控制

2.8.1　空白试验

每 20 个或每批次样品（少于 20 个）应至少做一个实验室空白样品，空白试样测定结果应低于方法检出限。否则应查明原因，重新分析直至合格之后才能测定样品。

2.8.2　校准曲线

相对响应因子的相对标准偏差应≤20%，或校准曲线的相关系数 $r \geqslant 0.995$。

2.8.3　连续校准

每 20 个或每批次样品（少于 20 个）应测定一个校准曲线中间浓度点，其测定结果与该点浓度的相对误差应在±20%以内，否则需重新绘制校准曲线。

2.8.4　精密度控制

每 20 个或每批次样品（少于 20 个）应至少测定 10%的平行样，样品数量少于 10 个时，应至少测定一个平行样，当测定结果≥测定下限时，平行样测定结果的相对偏差应≤30%；当测定结果＜测定下限时，不做相对偏差的计算要求。

2.8.5　正确度控制

每 20 个或每批次样品（少于 20 个）至少分析 1 个基体加标样品，加标回收率应在 60%～130%。

2.8.6　内标物

提取内标回收率应为 40%～160%，否则应查找原因，并重新分析样品。

注[22]：该提取内标回收率要求仅针对 PFHxS、PFOA 和 PFOS 三种化合物。直接进样法和在线固相萃取法不涉及提取内标回收率的计算。

3 数据审核要点

3.1 管理需求

（1）国际方面

2009 年 5 月在瑞士日内瓦举行的《关于持久性有机污染物的斯德哥尔摩公约》缔约方第四次会议将 PFOS、全氟辛基磺酰氟等 9 种新增化学物质列入公约的受控范围，2019 年和 2022 年 PFOA 和 PFHxS 也相继被列入公约受控名单。相关国家或世界组织对 PFCs 的饮用水限值要求详见表 7-4。

表 7-4 国际上 PFCs 的饮用水限值要求

国家/组织	限值/（ng/L）			来源
	PFHxS	PFOA	PFOS	
世界卫生组织（WHO）	—	100	100	Draft guidelines in 2022
	500（PFCs 总浓度）			
美国	10	4	4	《国家主要饮用水条例》（NPDWR）2024
日本	—	50（二者总浓度）		饮用水健康推荐值（厚生劳动省、环境省）2020
欧盟	100（20 种 C$_4$～C$_{13}$ 全氟羧酸和全氟磺酸总浓度）			DIRECTIVE（EU）2020/2184
丹麦	2（PFHxS、PFOA、PFOS 和 PFNA 总浓度）			BEK 2021
瑞典	4（PFHxS、PFOA、PFOS 和 PFNA 总浓度）			LIVSFS 2022：12
澳大利亚	—	560	—	Australian Drinking Water Guidelines，2022
	70（PFHxS 和 PFOS 总浓度）			

（2）国内方面

我国则是将 PFCs 作为最重要的新污染物之一纳入化学品优评、优控和重点管控清单。这三个清单或名录是层层递进的关系，体现了我国新污染"筛—评—控"环境管理思路的重要环节。首先，由于未纳入管控或管控措施不足的化学品都属于新污染物的范畴，所以这些化合物是海量的，需要根据生产使用情况先筛选出一部分列入《化学物质环境风险优先评估计划》；然后，这些被评估的化合物中有明确风险的又会被列入《优先控制的化学品名录》；最后，生态环境主管部门才会根据实际情况研究制定有针对性的控制措施。目前《重点管控新污染物清单（2023 年版）》就是现阶段国家出台的明确控制措施，涉及 PFOA、PFOS、PFHxS 和全氟辛基磺酰氟。另外，《生活饮用水卫生标准》（GB 5749—2022）中首次规定了 PFOA 和 PFOS 作为水质参考指标的限值，分别为 80 ng/L 和 40 ng/L，是评价饮用水监测结果的重要依据。

3.2　水环境介质中含量水平

经调研，我国部分水体中 PFHxS、PFOA 和 PFOS 检出情况如表 7-5 所示。

表 7-5　我国部分水体中 PFHxS、PFOA 和 PFOS 检出情况

环境水体		检出浓度/（ng/L）			来源
		PFHxS	PFOA	PFOS	
四川地市级饮用水水源地		ND～0.11	ND～8.20	ND～2.54	环境化学，https://link.cnki.net/urlid/11.1844.X.20241212.1039.028
长江沿线城市饮用水		中位值 0.6	中位值 3.1	中位值 0.35	净水技术，https://link.cnki.net/urlid/31.1513.TQ.20241010.1557.002
苏州市饮用水		—	10.8～41.5	ND～4.50	食品安全导刊，2024，（7）：39-43
辽宁省饮用水		ND～0.417	2.46～6.88	0.107～13.3	环境化学，2024，43（11）：3733-3745
聚四氟乙烯生产企业附近城市饮用水	山东	—	ND～15.89	—	Environmental Sciences Europe，2021，33（6）：1-12
	四川	—	18.4～3165	—	
	上海	—	ND～78	—	
	江苏	—	8.1～26.33	—	
	江西	—	45～268	—	
	福建	—	0.13～2.6	—	Environmental Sciences Europe，2021，33（6）：1-12
	浙江	—	0.53～115.4	—	
	广东	—	1～53.4	—	
	辽宁	—	ND～4.76	—	

环境水体	检出浓度/（ng/L）			来源
	PFHxS	PFOA	PFOS	
贡嘎山海螺沟冰川水	ND	3.14～9.86	1.28～5.04	中国环境科学，2023，43（10）：5444-5452
太浦河	ND～47.48	4.62～42.94	ND～6.12	净水技术，2021，40（1）：54-59
山东日照地表水	0.57～0.69	0.68～7.31	0.66～9.65	环境科学，2018，39（12）：5494-5502
千岛湖	—	0.52～3.61	—	湖泊科学，2020，32（2）：337-345
上海机场周边地表水	0.055～4.860	37.55～189.05	ND～4.440	上海大学学报（自然科学版），2019，25（2）：266-274
武汉市地表水	＜0.03	4.90	0.80	生态毒理学报，2017，12（3）：425-433
上海市地表水	0.88～27.51	21.89～104.66	2.89～13.07	Ecotoxicology and Environmental Safety，2018，149：88-95
内蒙古呼和浩特地表水	ND～0.08	0.80～1.8	ND～1.1	Environment International，2012，42：37-46
山西地表水	ND～5.8	0.43～15	ND～5.7	
天津地表水	ND～0.06	3.0～12	0.09～11	
辽宁地表水	ND～2.3	2.6～82	ND～31	
上海浦东新区地表水	—	7.73～67.25	ND～0.95	生态毒理学报，DOI：10.7524/AJE.1673-5897.20240515001
天津市海河流域	0.21～0.95	9.78～14.9	—	Bulletin of Environmental Contamination and Toxicology，2011，87（2）：152-157
双台子河口	0.25	10.0	0.88	Environmental Pollution，2016，216：675-681
浑河—大辽河	—	1.52～7.12	0.4～1.65	Environmental Earth Sciences，2016，75（6）：1-10
钱塘江	—	125.16	—	Chemosphere，2017，185：610-617

注：ND 表示未检出。

3.3 数据审核

（1）本底干扰排除

当空白中检出目标化合物而实际样品中未检出，可能是实验用水被污染，建议排查纯水机或纯水盛装器皿是否含有 PTFE 等材质管路或配件，并根据排查情况对其进行更换。若空白和每个实际样品中均有某些 PFCs 检出且含量较为一致时，可能是分析流程中接触了 PTFE 等材质管路或配件而引入了系统本底，分为以下三种情况。

一是液相色谱-三重四极杆质谱仪的本底。可参考注[6]更换管路配件或在液相溶剂混合器和进样阀之间加装捕集柱，样品中目标化合物直接进入色谱柱，而管路中本底干扰先由捕集柱吸附解吸后再进入色谱柱，因此仪器本底干扰出峰时间较样品中目标化合物晚，进而实现分离（图 7-4），再通过保留时间进行干扰排除。若存在 PFBA（极性强）仪器本底，C_{18}柱极性弱对其延迟效果有限，建议选择极性较强的捕集柱并且采取水相上样，若存在其他 PFCs 仪器本底，可使用与色谱柱填料相同的捕集柱。

二是前处理设备的本底。若实验室空白检出某些 PFCs，而无法通过上述方法进行保留时间延迟，则可能是前处理环节引入的本底干扰，包括前处理环节使用的器皿、取样器以及固相萃取装置和浓缩装置的管路、气路或配件等，需根据排查情况对其进行更换或重新开展方法检出限实验。

三是样品瓶导致的本底。若全程序空白和实际样品均检出某些 PFCs 且含量较为一致，但实验室空白中未检出，则可能是样品瓶或采样工具引入的本底干扰。建议结合空白试验对样品瓶进行抽检（抽检比例不低于 3%），抽检合格后再正式开展采样工作。

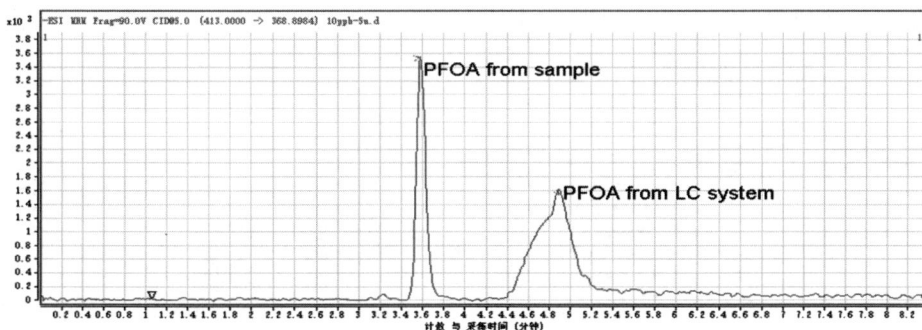

（a）PFOA 的延迟效果

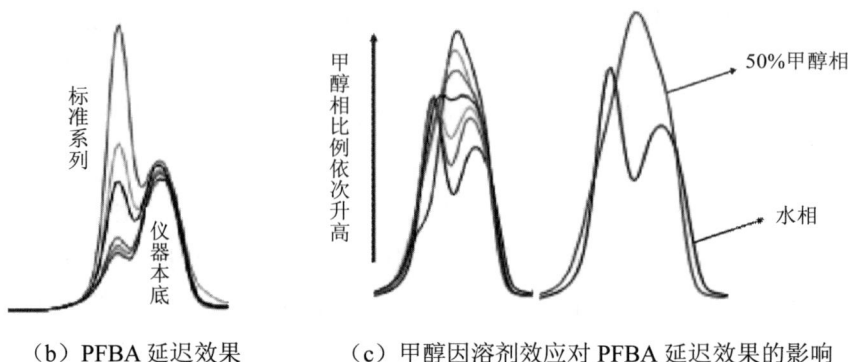

（b）PFBA 延迟效果　　　　（c）甲醇因溶剂效应对 PFBA 延迟效果的影响

图 7-4　加装 C₁₈ 捕集柱的延迟效果

（2）假阳性的判定

当实际样品中 PFCs 有检出时，应先参考 2.7.1 进行假阳性的判定，包括保留时间判定和定性离子丰度比判定两种方式，目前市面主流液相色谱-三重四极杆质谱仪均可通过设置相应条件参数后自动对异常值进行判定，参考操作如下：

首先，基于某一合适的标准系列浓度点（尽量选择与实际样品浓度相近的点）建立数据处理方法［图 7-5（a）］；然后，在保留时间判定界面设置相应数值［图 7-5（b）］，系统即会自动做出判定并对异常值进行标记［图 7-5（c）］；同理，在定性离子丰度比判定界面设置相应数值［图 7-5（d）］，系统也会对异常值进行标记［图 7-5（e）］。

数据审核过程中，对于有 PFCs 检出的实际样品，应查看相应原始数据，参考图 7-5 信息确认样品中该化合物保留时间和定性离子丰度比是否异常，若出现异常则可判定为假阳性。

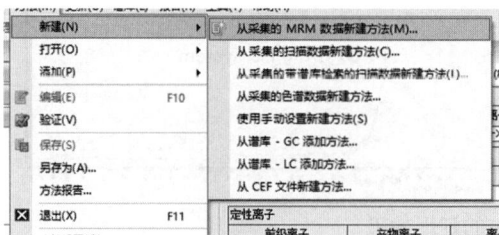

（a）　　　　　　　　　　　　　　（c）

名称	TS	离子对	扫描	类型	RT	左侧 RT 变化量	右侧 RT 变化量	RT 变化量单位
PFBA (4)	1	213.0 -> 169.0	MRM	目标化合物	1.434	0.200	0.200	min
13C4-PFBA (4)	1	217.0 -> 172.0	MRM	ISTD	2.791	0.200	0.200	min
PFPeA (5)	1	263.0 -> 219.0	MRM	目标化合物	5.130	0.200	0.200	min
PFBS (4)	1	298.9 -> 80.0	MRM	目标化合物	5.298	0.200	0.200	min
13C2-PFHxA (6)	1	315.0 -> 270.0	MRM	ISTD	5.633	0.200	0.200	min
PFHxA (6)	1	313.0 -> 269.0	MRM	目标化合物	5.633	0.200	0.200	min
PFPeS (5)	1	348.9 -> 80.0	MRM	目标化合物	5.698	0.200	0.200	min
N7FO-DA (6)	1	285.0 -> 168.9	MRM	目标化合物	5.763	0.200	0.200	min
PFHpA (6)	1	363.0 -> 319.0	MRM	目标化合物	6.111	0.200	0.200	min
1802-PFHxS (6)	1	402.9 -> 83.9	MRM	ISTD	6.162	0.200	0.200	min
PFHxS (6)	1	398.9 -> 80.0	MRM	目标化合物	6.162	0.200	0.200	min
ADONA (7)	1	377.0 -> 85.0	MRM	目标化合物	6.188	0.200	0.200	min
13C4-PFOA (8)	1	417.0 -> 372.0	MRM	ISTD	6.703	0.200	0.200	min
13C2-PFOA (8)	1	414.9 -> 369.8	MRM	ISTD	6.704	0.200	0.200	min
PFOA (8)	1	413.0 -> 369.0	MRM	目标化合物	6.704	0.200	0.200	min
PFHpS (7)	1	448.9 -> 80.0	MRM	目标化合物	6.742	0.200	0.200	min
13C4-PFNA (9)	1	468.0 -> 422.9	MRM	ISTD	7.361	0.200	0.200	min

（b）

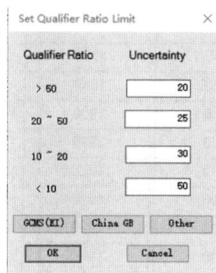

（d）

定性离子 (498.9 -> 99.0)...		13C4-PFOS (8)		定性离子 (5...	
比值	MI	RT	响应	比值	MI
62.0	☐	7.387	353273	52.7	☐
58.8	☐	7.387	342811	54.7	☐
55.2	☐	7.399	330669	54.6	☐
56.1	☐	7.387	310142	50.9	☐
56.2	☐	7.387	316618	51.5	☐
53.3	☐	7.387	266024	52.9	☐
53.7	☐	7.387	213865	58.0	☐
55.0	☐	7.412	272160	55.4	☐
88.8	☐	7.412	228703	52.1	☐

▽ 高群值
PFOS (8)：MZ = 99.0 的定性离子比 = 88.8 在允许的范围 [39.3, 73.1] 之外

（e）

图 7-5　仪器假阳性判定参考流程

（3）定量时的注意事项

为提高定量准确性，可根据样品情况选择浓度接近的校准点拟合曲线，当样品浓度较低时，建议采用平均相对响应因子法拟合曲线，当采用最小二乘法拟合时建议如图 7-6 所示删除高浓度校准点（保证不含原点的总校准点数不少于 5 个即可），防止因曲线斜率和截距不合适导致的系统误差，避免大量样品中目标化合物低浓度检出的情况。

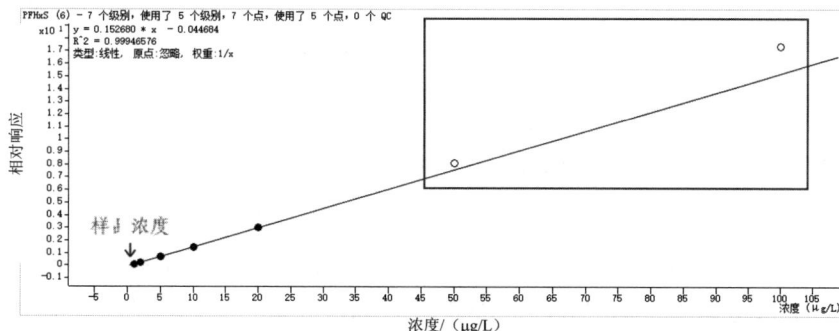

图 7-6　校准点的选择

另外，全氟酸类和全氟盐类溶于水后都会以全氟酸根的形式存在，不管是酸还是盐，最后测的都是酸根，所以定量时酸、盐和酸根的标准物质均可使用，但由于评价时以目标化合物对应酸的浓度计，所以当标准物质浓度以钾盐或钠盐计时，需要折算为相应酸的浓度［图 7-7（a）］，若标准物质浓度以酸根计时则不必折算［图 7-7（b）］，数据审核时建议查看所用标准物质说明书进行确认。

Compound	Acronym	Concentration (ng/mL)	
		as the salt	as the acid[a]
Potassium perfluoro-1-butanesulfonate	L-PFBS	2000	1770
Sodium perfluoro-1-pentanesulfonate	L-PFPeS	2000	1880
Sodium perfluoro-1-hexanesulfonate	L-PFHxS	2000	1900
Sodium perfluoro-1-heptanesulfonate	L-PFHpS	2000	1910
Sodium perfluoro-1-octanesulfonate	L-PFOS	2000	1920
Sodium perfluoro-1-nonanesulfonate	L-PFNS	2000	1920
Sodium perfluoro-1-decanesulfonate	L-PFDS	2000	1930
Sodium perfluoro-1-dodecanesulfonate	L-PFDoS	2000	1940

（a）钾盐或钠盐需要折算为酸

No.	Component	Catalog No.	CAS No.	Molecular Formula	MW	Purity (%)	Certified Conc. (μg/ml)
1	Perfluorodecane Sulfonic Acid	IST9533	335-77-3	C10HF21O3S	600.15	95.0	5.0
2	Perfluoropentanesulfonic acid hydrate	IST9516W	2706-91-4 (anhydrous)	C5HF11O3S · H2O	368.12 (350.08)	96.0	5.0[*]
3	Perfluorobutanesulfonic acid	IST9511	375-73-5	C4HF9O3S	300.10	98.0	5.0
4	Perfluoroheptanesulfonic acid	IST9518	375-92-8	C7HF15O3S	450.12	96.2	5.0
5	Potassium perfluorooctanesulfonate	IST9519	2795-39-3	C8F17KO3S	538.22 (500.01)	98.9	5.0[*]
6	Potassium perfluorohexanesulfonate	IST9512	3871-99-6	C6F13KO3S	438.20 (399.20)	99.7	5.0[*]
7	Perfluorononanesulfonic acid sodium	IST14774Na	98789-57-2	C9F19NaO3S	572.12 (550.33)	95.0	5.0[*]

\# Free form, anhydrous

*IST9516W is calculated as Perfluoropentanesulfonic acid

IST9519 is calculated as perfluorooctanesulfonate

IST9512 is calculated as perfluorohexanesulfonate

IST14774Na is calculated as Perfluorononanesulfonic acid

The stability of the solution is in the research stage.

（b）酸根不必折算

图 7-7　标准物质浓度值的折算

（4）保证回收率的措施

实际分析中，要保证 PFCs 回收率应考虑以下几个方面：

①掌握弱阴离子交换柱（WAX）的萃取原理

WAX 小柱吸附端为具有弱碱性的哌嗪官能团，其在酸性环境中为阳离子状态、在碱性环境中为中性分子状态，吸附对象为强阴离子 PFCs，其不管在酸性还是碱性环境中始终以阴离子形式存在，因此调节 pH 是为了改变吸附端的状态。固相萃取时采用酸性上样，上样完成后用乙酸铵缓冲液（pH≈4）淋洗都是为了保证洗脱前哌嗪吸附端为阳离子状态，更好地吸附 PFCs 阴离子，若 pH>8，哌嗪官能团会呈中性分子状态，大幅影响吸附效果、降低萃取回收率；此外，洗脱时应使用氨水甲醇碱性溶剂，才能将哌嗪官能团彻底恢复至中性分子状态，更多地释放PFCs 阴离子，保证萃取回收率。

②注意长链 PFCs 的疏水性问题

由于烷基链具有疏水性，且链越长疏水性越强，尤其是 C_{10} 以上长链 PFCs 容易吸附在塑料或其他具有孔结构的材料表面，建议在分析前按照注[2]所述方法进行处理并尽快测定。另外，当测定长链化合物时，建议固相萃取洗脱前不用甲醇淋洗（具有洗脱效果）或收集甲醇洗脱液。

③其他方面

由于不同链长 PFCs 的性质存在较大差异，提取内标应尽量使用该化合物对应的同位素，或链长相近化合物对应的同位素；当样品中目标化合物含量较高时，可先采用直接进样法分析，若仍需进行固相萃取，弱阴离子交换柱可使用500 mg/6 mL 或更大容量，也可减少取样量以防止填料穿透；若测定结果超过曲线最高点浓度，固相萃取（手动法）中往往伴有穿透现象，不能直接稀释试样后再上机，应减少取样量重新固相萃取（当采用直接进样法或在线固相萃取法时，可减少进样量或对水样进行稀释后重新测定）。

（5）各指标间的关系

有研究（Wang J，et al. 2024）表明：氟调聚醇类（FTOH）在大气中半衰期长，容易通过大气运动迁移至偏远地区，并形成以 PFHpA 为代表的非挥发性全氟羧酸；而 PFOA 主要随地表水迁移，尤其是在城市工业区或污水处理厂等来源附近。因此，目前大量研究采用 PFHpA/PFOA 值作为判断 PFCs 来源的依据，当PFHpA 浓度值高、PFHpA/PFOA 值大于 1 时，表明水体中的 PFCs 可能来源于大气降水，反之则表明 PFCs 可能来自点源相关的地表水输送。

参考文献

[1]　生态环境部. 水质　全氟辛基磺酸和全氟辛酸及其盐类的测定　同位素稀释/液相色谱-三重四极杆质谱法：HJ 1333—2023[S]. 2023.

[2]　江苏省市场监督管理局. 水质　17种全氟化合物的测定　高效液相色谱-串联质谱法：DB32/T 4004—2021[S]. 2021.

[3] 王若男，史箴，胥倩，等. 四川省地市级饮用水水源地全氟化合物污染状况调查研究[J/OL]. 环境化学. https://link.cnki.net/urlid/11.1844.X.20241212.1039.028.

[4] 吴胜念，董慧峪，付蔚，等. 长江流域饮用水中全氟和多氟烷基化合物的污染特征及人体健康风险评估[J/OL]. 净水技术. https://link.cnki.net/urlid/31.1513. TQ.20241010.1557.002.

[5] 施静，夏瑜，许红睿，等. 苏州市饮用水中全氟辛酸与全氟辛烷磺酸浓度分析及健康风险评估[J]. 食品安全导刊，2024，（7）：39-43.

[6] 王雪，鲍佳，刘洋，等. 辽宁省饮用水 PFASs 靶向与非靶向分析及其风险评估[J]. 环境化学，2024，43（11）：3733-3745.

[7] Liquan L，Yingxi Q，Jun H，et al. Per and polyfluoroalkyl substances（PFASs）in Chinese drinking water：risk assessment and geographical distribution[J]. Environmental Sciences Europe，2021，33（6）：1-12.

[8] 黄语，陈朝辉，李钰涛，等. 贡嘎冰川水环境中全氟及多氟化合物的污染特征及排放通量[J]. 中国环境科学，2023，43（10）：5444-5452.

[9] 金磊. 黄浦江上游太浦河水源水体中全氟化合物赋存特征及风险评价[J]. 净水技术，2021，40（1）：54-59.

[10] 王世亮，孙建树，杨月伟，等. 典型旅游城市河流水体及污水厂出水中全氟烷基酸类化合物的空间分布及其前体物的转化[J]. 环境科学，2018，39（12）：5494-5502.

[11] 张明，唐访良，程新良，等. 千岛湖（新安江水库）表层水中全氟化合物的残留水平及分布特征[J]. 湖泊科学，2020，32（2）：337-345.

[12] 夏小雨，吴明红，徐刚，等. 上海特征性点源周边环境水体中全氟化合物的环境行为特性[J]. 上海大学学报（自然科学版），2019，25（2）：266-274.

[13] 周珍，胡宇宁，史亚利，等. 武汉地区水环境中全氟化合物污染水平及其分布特征[J]. 生态毒理学报，2017，12（3）：425-433.

[14] Sun R，Ming H，Tang L，et al. Perfluorinated compounds in surface waters of Shanghai，China：Sourcc analysis and risk assessment[J]. Ecotoxicology and Environmental Safety，2018，149（Mar.）：88-95.

[15] Wang T，Khim J S，Chen C，et al. Perfluorinated compounds in surface waters from Northern China：Comparison to level of industrialization[J]. Environment International，2012，42（1）：37-46.

[16] 陈斐. 上海市浦东新区地表水中 17 种全氟烷基酸污染水平及其生态风险熵[J/OL]. 生态毒

理学报. https://link.cnki.net/urlid/11.5470.X.20240909.1412.002.

[17] Pan Y，Shi Y，Wang J，et al. Pilot Investigation of Perfluorinated Compounds in River Water，Sediment，Soil and Fish in Tianjin，China[J]. Bulletin of Environmental Contamination & Toxicology，2011，87（2）：152.

[18] Wei L，Yang Z，Nannan D，et al. Occurrence and distribution of perfluoroalkyl substances（PFASs）in surface water and bottom water of the Shuangtaizi Estuary，China[J]. Environmental Pollution，2016，216：675-681.

[19] Dong D，Liu X，Hua X，et al. Sedimentary record of polycyclic aromatic hydrocarbons in Songhua River，China[J]. Environmental Earth Sciences，2016，75（6）：1-10.

[20] Lu G H，Gai N，Zhang P，et al. Perfluoroalkyl acids in surface waters and tapwater in the Qiantang River watershed—Influences from paper，textile，and leather industries[J]. Chemosphere，2017，185（Oct.）：610-617.

[21] Wang J，Shen C，Zhang J，et al. Per-and polyfluoroalkyl substances（PFASs）in Chinese surface water：Temporal trends and geographical distribution[J]. Science of the Total Environment，2024，915：170127.

第 8 章　饮用水水源水质样品采集

1　概述

对于饮用水水源水质研究者而言，其面对的是体量巨大、自然状态下的河流、湖库和地下水。要想获得具有代表性、准确性、精密性、可比性、完整性的水质监测数据，除采用精密的仪器和准确的分析技术外，水质样品的采集和保存是水质分析的重要环节。目前，化学分析、仪器分析的发展使样品分析环节得到了有效的质量控制，能够满足研究需求，但水质样品是否能够代表整个水源地水质情况成为研究者们考虑的另一个问题。如何科学获取具有代表性的水质样品成为整个采样过程中的重点。

实际情况是水质采样有随机性，采样过程总会带来误差。要完全克服采样过程中的误差是困难的，但可以采取各种有效措施，将采样过程的误差降至最低限度。

究竟如何控制采样误差，才能使所采集的样品具有较大的代表性，理论上每个混合样品的采样点越多，即每个样品所包含的个体数越多，则对该总体来说样品的代表性就越大。在一般情况下，采样点的多少，取决于所研究范围的大小、研究对象的复杂程度和试验研究所要求的精密度等。研究的范围越大，对象越复杂，采样点数必将增加。在理想情况下，应该使采样点和采样量最少，而样品的代表性又是最大，使用有限的人力和物力，获得最高的工作效率。

因此，根据统计学原理，研究者需要认识到两个问题：一是只有合理的采样过程才能保证样品的代表性；二是任何采样过程都会产生误差，只能将误差降低到可接受水平。简言之，就是合理的采样过程才是分析结果可信度的保证。

本章内容参考国内外相关标准、规范、文献，并引用部分实验室分析成果，重点介绍饮用水水源地新增监测项目——土臭素、2-甲基异莰醇、乙草胺、灭草松、氯酸盐、亚氯酸盐、溴酸盐、二氯乙酸、三氯乙酸、高氯酸盐、一氯二溴甲烷、二氯一溴甲烷和三卤甲烷等 13 项及全氟化合物的采样方法和水样保存方法，供监测人员参考。同时，根据 2024 年全国集中式饮用水水源水质专项调查试点工作中选用频次最高的分析方法给出相应的水样采集优化方案，并筛选出两家具有代表性的监测单位的采样方案案例，供全国集中式饮用水水源水质相关监测承担单位参考。

1.1　基本概念

根据我国现行生态环境保护标准，本书中涉及的饮用水水源地监测概念如下：

1.1.1　水源地类型

饮用水水源地可以分为地表水源、地下水源和其他等类型，地表水源包括河流、湖库（坑、塘）、山涧水、集水池等类型，地下水源包括井水、泉水等类型。在地表水与地下水都极度匮乏的特殊情况下，可考虑收集降水作为水源。

1.1.2　饮用水水源地

饮用水水源地概括了提供城镇居民生活及公共服务用水（如政府机关、企事业单位、医院、学校、餐饮业、旅游业等用水）、取水工程的水源地域，包括河流、湖泊、水库、地下水等。

1.1.3　饮用水水源保护区

饮用水水源保护区指为防止饮用水水源地污染、保证水源水质而划定，并要求加以特殊保护的一定范围的水域和陆域。饮用水水源保护区分为一级保护区和二级保护区，必要时可在保护区外划分准保护区。

1.1.4　集中式饮用水水源地

集中式饮用水水源地指进入输水管网送到用户和具有一定取水规模（供水人口一般大于 1 000 人）的在用、备用和规划水源地。依据取水区域不同，集中式饮用水水源地可分为地表水饮用水水源地和地下水饮用水水源地；依据取水口所在水体类型的不同，地表水饮用水水源地可分为河流型饮用水水源地和湖泊、水库型饮用水水源地。

1.1.5　分散式饮用水水源地

分散式饮用水水源地指供水小于一定规模（供水人口一般在 1 000 人以下）的现用备用和规划饮用水水源地。根据供水方式可分为联村、联片、单村联户或单户等形式（以下简称为"饮用水水源地"或"水源地"）。

1.1.6　农村饮用水水源地

农村饮用水水源地指向乡（镇）、村供水、有简易净化措施或无净化措施，并小于一定规模（供水人口一般在 1 000 人以下）的现用和规划饮用水水源地。

其他术语、定义见相关法律、法规及管理规定。

1.2　参考标准

本书技术要求主要引用公开发布的国家、行业技术标准及管理要求，其他技术要求参考公开发表的文献。国家、行业技术公开标准及管理要求主要包括：

《地表水环境质量标准》（GB 3838—2002）

《地下水质量标准》（GB/T 14848—2017）

《生活饮用水卫生标准》（GB 5749—2022）

《生活饮用水水源水质标准》（CJ 3020—1993）

《地表水环境质量监测技术规范》（HJ 91.2—2022）

《地下水环境监测技术规范》（HJ 164—2020）

《辐射环境监测技术规范》（HJ 61—2021）

《地下水监测井建设规范》（DZ/T 0270—2014）

《水质　湖泊和水库采样技术指导》（GB/T 14581—1993）

《水质　河流采样技术指导》（HJ/T 52—1999）

《水质　采样样品的保存和管理技术规定》（HJ 493—2009）

《水质　采样技术指导》（HJ 494—2009）

《水质　采样方案设计技术规定》（HJ 495—2009）

《环境监测质量管理技术导则》（HJ 630—2011）

《地下水采样技术规程》（DZ/T 0420—2022）

《国家地下水考核点位监测技术规程》（总站土字〔2023〕236 号）

《多泥沙河流水环境样品采集及预处理技术规程》（SL 270—2001）

《地下水质分析方法　第 2 部分：水样的采集和保存》（DZ/T 0064.2—2021）

《生活饮用水标准检验方法　第 2 部分：水样的采集与保持》（GB/T 5750.2—2023）

《全国集中式饮用水水源水质专项调查作业指导书（2024—2026 年）》（总

站水字〔2024〕306 号）

《城市集中式饮用水水源地水质监测、评价与公布方案》的通知（环发〔2002〕144 号）

《集中式饮用水水源环境保护指南（试行）》（环办〔2012〕50 号）

《农村饮用水水源地环境保护指南》（HJ 2032—2013）

《分散式饮用水水源地环境保护指南》（环办〔2010〕132 号）

《地震灾区集中式饮用水水源保护技术指南（暂行）》（公告 2008 年 第14 号）

《集中式地表水饮用水水源地突发环境事件应急预案编制指南（试行）》（公告 2018 年 第 1 号）

《全国集中式生活饮用水水源地水质监测实施方案》（环办函〔2012〕1266 号）

《全国饮用水水源地基础环境调查及评估工作方案》（环办〔2008〕28 号）

《关于进一步加强分散式饮用水水源地环境保护工作的通知》（环办〔2010〕132 号）

2　饮用水水源水质样品采集技术要求

因涉及群众饮用水安全，水源地水质采样有一定的特殊性，除相关技术标准外，需注意其管理要求。本部分归纳总结与饮用水水源水质样品采集相关的通用技术要求。

2.1　饮用水水源水质样品采集器材和防护装备

常规采样器材包括样品瓶、水样保存剂、样品冷藏设备、铝箔、密封条、标签、采样记录、绳索、水深测量仪、执法记录仪、GPS 等。

地表水采样器材包括采样器、静置用容器、测距仪、流速仪、无人机、无人船等。

地下水采样器材包括气囊泵、小流量潜水泵、惯性泵、蠕动泵及贝勒管等（图 8-1），可依据实际井深和采样深度选取合适的采样器，保证采集到代表性样品。

防护装备包括警示牌、救生衣、手套、安全绳等。

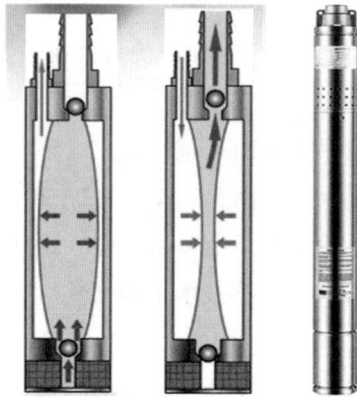

图 8-1 气囊泵、贝勒管

2.2 监测布点要求

我国饮用水水源地建设、使用、管理、保护均有相关法律法规，水源地保护区范围明确、建设规范、采样条件相对较好、采样位置相对固定。可使用 GPS 或固定标志物来保证监测断面（点位）位置的准确和固定。按照 GB 5750.2、HJ/T 52、HJ 91.2、HJ 164、HJ 493、HJ 494、HJ 495、DZ/T 0064.2 等相关要求执行。

2.2.1 地表水饮用水水源样品采集位置

河流型水源地：在水厂取水口上游 100 m 处设置监测断面；若水厂在同一河流有多个取水口，可在最上游 100 m 处设置监测断面。取水口之间不能有排污口、支流汇入等。采样深度为水面下方 0.5 m 处。

湖、库型水源地：原则上按常规监测点位采样，在每个水源取水口周边 100 m 处设置 1 个监测点位进行采样。采样深度需兼顾取水口深度，若取水口深度在水面下方 0.5 m（含 0.5 m）以内，则在水面下方 0.5 m 处取样，若取水口深度在水面下方 0.5 m 以下，除在水面下方 0.5 m 处取样外，还应在相应取水深度处增设分层采样点。

2.2.2 地下水饮用水水源样品采集位置

对于自喷的泉水，可在涌口处直接采样；具备采样器采样条件的，采样深度为水面下方 0.5 m 处；不具备采样器采样条件的，可在自来水厂的汇水区（加氯前）采样。

2.3　饮用水水源水质样品采集技术要求

2.3.1　采样计划

饮用水水源样品采集前应根据监测任务制订采样计划，内容包括但不限于：采样目的、监测项目、监测断面（采样垂线和采样点）、采样方法、采样时间、采样频率、采样数量、样品瓶及清洗方法、采样体积、样品保存方法、样品标签、现场测定项目、质量保证和质量控制、样品运输工具和贮存条件等。

采样计划应根据水源地数量与分布、测试单位的分析能力等实际情况，统筹做好采样计划；针对可集中至同一测试单位分析的部分水源或部分指标，协调组织分散采样，统一运输，集中分析，保证数据质量的同时，进一步提高工作效率。

2.3.2　样品瓶的选择

样品瓶材料对样品组分的稳定性有较大的影响。饮用水水源地水质样品瓶应专项专用，与污染源等水样容器应分架存放，严禁他用、混用。样品瓶的选择应满足以下要求。

（1）应根据待测组分的特性选择合适的样品瓶。一般情况下，测定无机物、金属和类金属及放射性元素的水样应使用有机材质的采样容器，如聚乙烯或聚四氟乙烯容器等；测定有机物样品通常使用棕色玻璃瓶等；测定微生物指标的水样应使用玻璃材质的采样容器，也可以使用符合要求的一次性采样袋或采样瓶。

（2）样品瓶的性质应具有化学和生物惰性，不应与水样中组分发生反应，不溶出、吸收或吸附待测组分。

（3）样品瓶应能适应环境温度的变化，具有一定的抗震性能。

（4）样品瓶大小与采样量相适宜，能严密封口，并容易打开，且易清洗。采集供有机物检测用的样品时不能用具橡胶塞的样品瓶，水样呈碱性时不能用具玻璃塞的样品瓶。

（5）优先根据方法标准选择样品瓶，宜尽量选用细口样品瓶（减小与外界物质交换，尽可能减少外界干扰）。在符合相关标准要求的情况下，尽量选择聚乙烯样品瓶。

（6）测定无机物、金属的水样应使用塑料材质的样品瓶，如聚乙烯或聚四氟乙烯样品瓶。

（7）测定有机物项目的水样应使用具实心塞玻璃材质样品瓶或具聚四氟衬垫

螺口玻璃瓶等。

（8）测定挥发性有机物项目的样品瓶为 40 mL 或标准要求的其他棕色玻璃瓶，具硅橡胶-聚四氟乙烯衬垫螺旋盖。

（9）全氟样品建议不与其他项目样品混装。

2.3.3　样品瓶的洗涤

测定常规非金属项目、全氟化合物和放射性样品瓶的洗涤用无磷洗涤剂清洗 1 次，除去灰尘和油垢后用自来水冲洗 3 次，然后用蒸馏水冲洗 1 次，阴干或吹干。

测定有机物项目样品瓶的洗涤：用无磷洗涤剂清洗 1 次，除去灰尘和油垢后用自来水冲洗 3 次，然后用蒸馏水冲洗 1 次，甲醇清洗 1 次，阴干或吹干。必要时再用纯化过的正己烷、丙酮或甲醇冲洗数次，阴干或吹干。

测定可溶态金属、总量金属样品瓶的洗涤：用无磷洗涤剂清洗 1 次，除去灰尘和油垢后用自来水冲洗 3 次，然后用（1+3）HNO_3 荡洗 1 次，然后用蒸馏水冲洗，阴干或吹干。

样品瓶洗涤需注意：①清洗使用的试剂，如甲醇（CH_3OH），采样时加入的试剂及配制试剂的实验用水均需确认无目标化合物或目标化合物浓度低于方法检出限，否则应在使用前开展检测；②荡洗后的含硝酸（或者甲醇等有机溶剂）的废液应分类收集和保管，委托有资质的单位进行处理；③铝、银、钠，指的是可溶态含量。即采样后在现场立即用 0.45 μm 的微孔滤膜过滤后，再进行测定的含量。

2.3.4　饮用水水源地水质样品采集

2.3.4.1　地表水型水源地水质样品采集

依据 HJ 91.2 开展饮用水水源地监测布点和水样采集，除采集挥发性有机物水样外，采样器、静置容器和样品瓶在使用前应先用水样（可溶态金属的样品瓶用 0.45 μm 的微孔滤膜过滤后的水样荡洗）分别荡洗 2～3 次。采集的水样须保证足够用量，并倒入静置容器中，自然静置 30 min。采集水样时，不可搅动水底部的沉积物，不能混入漂浮于水面上的物质。自然静置时，应采取措施避免灰尘污染。

样品采集过程中应注意：①尽量选择在连续两天无降雨之后采样。若计划采样期间遇连续降雨，在确保安全的条件下，原则上避开明显有雨水汇入的区域，在充分混匀的水域或者汇入点上游区域采集水样，并记录现场情况。②挥发性有机物项目无须自然静置。③使用船只采样，且在船上不具备静置或者过滤条件时，可在返回岸上后立即进行现场静置或者过滤。④在采样记录表中，必须明确记录采集到的样品情况（浑浊、色、味等）。

2.3.4.2　地下水型水源地水质样品采集

地下水型水源地水质样品采集按照 HJ 164 等相关分析方法执行。采集水样时，必须在充分抽汲后进行，以保证水样的代表性。采样器采样时，采样器放下与提升时动作要轻，应避免搅动井水和井壁及底部沉积物。

用机井泵采样时，应待抽水管道中停滞的水排净，新水更替后再采样。对于已有管路地下水采集，可参考 HJ 164 附录 C 相关要求执行。

自流地下水应在水流流出处或水流汇集处采样。

对于自喷的泉水，可在涌口处直接采样。

2.3.5　水源地不同项目水质样品采集要求

2.3.5.1　现场监测与样品采集顺序

现场监测项目（水温、pH、溶解氧、电导率、透明度、浊度、盐度等）与样品采集顺序：先进行现场监测项目，再开展挥发性有机物（VOCs）样品、半挥发性有机物（SVOCs）样品、稳定有机物及微生物样品、放射性项目样品、金属和普通无机物样品采集。

2.3.5.2　一般监测项目

一般监测项目（包括常规非金属项目、总量金属、全氟化合物）样品采集前，先用水样荡涤采样器、静置容器和样品瓶 2～3 次，再进行采集。

2.3.5.3　挥发性有机物监测项目

样品采集前按照相关标准要求清洗。地表水饮用水水源地挥发性有机物（VOCs）样品采集不进行自然静置 30 min，直接进行水样分装。样品采集后冷藏运输，运回实验室后应立即放入冰箱中，在 4℃以下冷藏保存，按照分析方法要求的时间内分析完毕。样品存放区域应无有机物干扰。

地下水饮用水水源地在汇水区采集 VOCs 样品可参照地表水饮用水水源地采集方式。若地下水饮用水水源地为水井、管道采样，采集 VOCs 样品建议先对监测井进行充分洗井（排出 3～5 倍井管体积的水），确保采到新鲜含水层水样。然后使用流速潜水泵（如惯性泵、气囊泵）或贝勒管，避免曝气或扰动导致 VOCs 挥发控制流速（通常低于 0.1 L/min），防止压力变化导致气体逸出。

VOCs 样品采集应注意：①采集样品时，应使水样在样品瓶中溢流而不留空间。取样时应尽量避免或减少样品在空气中暴露。②样品瓶应在采样前用甲醇清洗，采样时不需用样品进行荡洗。③通常情况下，自然条件下水源地水样不含余氯。余氯对部分项目影响较大，采样前可用抗坏血酸试纸快速测试水样中是否含有余氯。如含有余氯，需要向每个样品瓶中加入抗坏血酸，每 40 mL 样品需加入 25 mg 的抗坏血酸。如果水样中总余氯的量超过 5 mg/L，应先按 HJ 586 附录 A 的方法测定总余氯后，再确定抗坏血酸的加入量。在 40 mL 样品瓶中，总余氯每超过 5 mg/L，需多加 25 mg 的抗坏血酸。④采样时，水样呈中性时向每个样品瓶中加入 0.5 mL（1+1）盐酸溶液，拧紧瓶盖；水样呈碱性时应加入适量（1+1）盐酸溶液使样品 pH≤2。采集完水样后，应在样品瓶上立即贴上标签。当水样加盐酸溶液后产生大量气泡时，应弃去该样品，重新采集样品。重新采集的样品不应加盐酸溶液，样品标签上应注明未酸化，该样品应在 24 h 内分析。⑤所有样品均采集平行双样，每批样品应带一个全程序空白和一个运输空白。多项 VOCs 项目合并最少需采集 3 份平行样品。

2.3.5.4 溶解态金属项目

样品采集前先用水样荡涤采样器 2～3 次。采集的水样必须在现场立即用 0.45 μm 的微孔滤膜过滤，用过滤后的水样荡涤样品瓶 2～3 次。样品装入样品瓶后立即加入保存剂。

溶解态金属项目样品采集需注意：①每次过滤后需用去离子水清洗过滤装置并更换滤膜，以防样品交叉污染；②对于使用船只采样的断面，且在船上不具备过滤条件的，可在返回岸上后立即进行过滤。

2.3.5.5 放射性项目（总 α 放射性、总 β 放射性）

放射性项目需单独采样，采样前将采样器、静置容器和样品瓶清洗干净，并用原水冲洗 3 遍采样聚乙烯桶。样品采集后（无须自然静置），尽快按每升样品加入 10 mL 硝酸溶液酸化样品，以减少放射性物质被器壁吸收所造成的损失。样品采集后，应尽快分析测定，如果条件允许尽量保存在暗处，样品保存期一般不得超过 2 个月。采样量建议不少于 6 L。

如果要测量澄清的样品，可通过过滤或静置使悬浮物下沉后，取上清液。

涉及的所有试剂的总 α 放射性（总 β 放射性）应低于方法的探测下限，样品存放环境的总 α 放射性（总 β 放射性）应低于方法的探测下限。

2.3.5.6　样品采集体积要求

样品采集体积不得少于本项目规定的最小采样量。如果多个项目合瓶采集，则水样的体积应考虑质量控制和异常操作引起多次分析的需要，留有一定余量。样品体积参照相关分析方法或参考附表 8-1～附表 8-3。

2.3.5.7　样品标签

每个样品瓶均需贴上标签，标签内容需包括样品编号、采样点位编号、采样日期和时间、测定项目、保存方法，并写明用何种保存剂。

2.4　饮用水水源水质样品保存要求

2.4.1　保存剂要求

水样采集完成后，应根据各项目标准分析方法的要求，在现场加入保存剂固定。各项目的保存剂及其用量详见附表 8-1～附表 8-3 的要求。保存剂尽量使用优级纯及以上试剂。

分析方法中规定尽快测定的项目，如未明确最长保存期，原则上采集的水样应在 24 h 内完成分析。应根据实验室采用的分析方法的要求，对样品进行固定保存，因不同分析方法保存剂和保存期存在差异，采样前应明确实验室使用分析方法。

保存剂的使用应注意：①保存剂添加过程中，避免交叉污染；②适量添加保存剂，切勿过量或不足，以免影响实验室分析。

2.4.2　饮用水水源水质样品冷藏要求

不能尽快分析的样品在运输过程中按照保存要求存放在冷藏设备中。样品可放入带制冷功能的便携式冷藏箱（冷藏箱体不透光），调节温度为 0～4℃；若冷藏箱不带制冷功能，应使用冰袋保证冷藏箱的温度，同时应在运输过程中确保冷藏效果。冷藏箱最好带有温度监控装置，便于温度记录。

2.5　饮用水水源水质样品运输要求

水样采集后必须立即送回实验室。根据采样点的地理位置和每个项目的保存期，选用适当的运输方式，在现场工作开始之前，需提前安排好水样的运输工作，以防延误。运输前，应检查现场采样记录上的所有水样是否全部装箱。

每个样品瓶必须加以妥善保存和密封，并装在包装箱内固定，以防在运输途中破损和沾污。运输过程中确保防震、低温，并避免日光照射。

3 饮用水水源新增项目样品采集技术详解

3.1 土臭素和2-甲基异莰醇的理化性质及样品采集

土臭素和2-甲基异莰醇是一种由地表水中蓝藻（蓝绿藻）和放线菌（细菌）产生的一种天然萜烯醇化合物。当这些生物繁殖的时候，会在水中产生一种泥土发霉的气味，这种味道很难通过传统的水处理方法去除。化学结构式见图8-2。

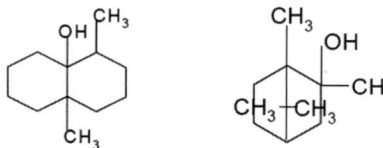

图 8-2　土臭素（左）和2-甲基异莰醇（右）

土臭素和2-甲基异莰醇均为环醇类，土臭素为两相连的六角环结构，属稳定的椅式结构，2-甲基异莰醇则类似五角环结构。土臭素（GSM）的辛醇—水分配系数为3.12，2-甲基异莰醇辛醇—水分配系数为3.25。土臭素和2-甲基异莰醇在水中的溶解度不高，是微极性脂溶性化合物，属于弱极性分子。因此，样品采集建议参照挥发性有机物采样方法，样品采集流速不宜过快，避免曝气，避免引入氧化性物质和微生物。

实验室选用《生活饮用水标准检验方法　第8部分：有机物指标》（GB/T 5750.8—2023）土臭素顶空固相微萃取气相色谱质谱法。采样需使用棕色玻璃瓶，具有聚四氟乙烯薄膜包硅橡胶垫的螺旋盖，0～4℃冷藏保存24 h。最小样品量为60 mL（建议3瓶）（采样瓶使用前经120℃烘烧1 h），水样充满样品瓶，瓶中不可有气泡。

另外，根据江苏省苏州环境监测中心实验结果，每40 mL 样品加入20 mg/L 硫酸铜溶液8～10滴，样品可保存7 d。

3.2 乙草胺的理化性质及样品采集

乙草胺，一种芽前除草剂，可除一年生禾本科杂草和某些一年生阔叶杂草，适用于玉米、棉花、花生和大豆田除草。美国国家环境保护局（USEPA）已将其列为B-2 类致癌物。

　　乙草胺不易挥发，对光稳定，辛醇—水分配系数为 2.92，可溶于水、醇和有机溶剂，其化学结构式见图 8-3。样品采集时应避免曝气，避免引入氧化性物质。

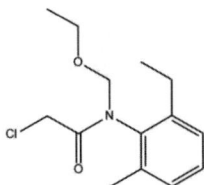

图 8-3　乙草胺

　　实验室选用《生活饮用水标准检验方法　第9部分：农药指标》（GB/T 5750.9—2023）乙草胺气相色谱质谱法。采样使用聚四氟乙烯内衬螺旋盖的棕色玻璃瓶或具塞磨口棕色玻璃瓶，当含有余氯时，每升水样中加入约100 mg 抗坏血酸，以去除余氯。根据湖北省生态环境监测中心实验结果，样品可保存7 d，最小样品量为1 000 mL，水样充满样品瓶。样品冷藏运输，运回实验室后应立即放入冰箱中。

3.3　灭草松的理化性质及样品采集

　　灭草松又称排草丹、苯达松、噻草平、百草克，是一种具选择性的触杀型苗后除草剂，用于杂草苗期茎叶处理，低毒，对眼睛和呼吸道有刺激作用，对酸、碱、光稳定。灭草松的辛醇—水分配系数为 2.80，可溶于水（水中溶解度为 0.5 g/L，20℃），溶于乙醇、乙醚、丙酮、乙酸乙酯等，其化学结构式见图 8-4。样品采集时应避免曝气，避免引入氧化性物质。

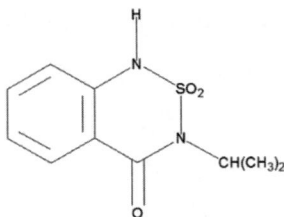

图 8-4　灭草松

　　实验室选用《生活饮用水标准检验方法　第 9 部分：农药指标》（GB/T 5750.9—2023）灭草松液相色谱-串联质谱法，采样使用玻璃瓶，HCl 溶液酸化，使 pH≤2。

当含有余氯时，每升水样添加 0.1 g 抗坏血酸。0～4℃冷藏、密封、避光条件下可保存 7 d。最小采样量为 250 mL，当含有悬浮物、沉淀、藻类及其他微生物时，用砂芯漏斗或溶剂过滤器（配有玻璃纤维滤膜）过滤样品。

实验室选用《生活饮用水标准检验方法　第9部分：农药指标》（GB/T 5750.9—2023）灭草松液液萃取气相色谱法，采样使用玻璃瓶［使用前用稀硝酸（1+9）浸泡处理，纯水冲净，并于180℃烘箱烘烤1～2 h备用］，最小样品量为250 mL，采样瓶中加入约1.1 mL的HNO_3，使pH<1。尽快测定，0～4℃冷藏保存。水样充满样品瓶，密封、避光保存，7 d内完成分析。

3.4　氯酸盐、亚氯酸盐、溴酸盐、二氯乙酸和三氯乙酸的理化性质及样品采集

氯酸盐、亚氯酸盐、溴酸盐、二氯乙酸和三氯乙酸为特定消毒工艺副产物。氯酸盐、溴酸盐为氯、溴原子亚高价酸；二氯乙酸、三氯乙酸氯取代有机酸；亚氯酸盐中氯为+3 价态。卤代乙酸及其毒性是由卤原子在乙酸的甲基上发生取代而形成，通常在氯气、氯胺和二氧化氯消毒过程中产生。溴酸盐一般在含有溴化物的原水，臭氧消毒过程中产生，是由 1 个溴原子与 3 个氧原子组成的具有三角锥形结构的化合物，其氧化活性被认为是毒性作用机制的一个重要因素，对动物和人类具有潜在的致癌性，对肝细胞具有遗传毒性，在肾脏中会引起氧化损伤和染色体突变等问题。这 5 种消毒副产物均含有卤素，价态不同，在不同酸性条件下化学特性不同。氯酸盐、亚氯酸盐、溴酸盐、二氯乙酸和三氯乙酸一般易溶于水。样品采集过程中注意避免曝气，氧化性物质引入时要注意水样酸、碱度。亚氯酸盐对光敏感，注意避光保存。

实验室选用《水质　氯酸盐、亚氯酸盐、溴酸盐、二氯乙酸和三氯乙酸的测定　离子色谱法》（HJ 1050—2019），采集氯酸盐、溴酸盐、二氯乙酸和三氯乙酸样品使用聚乙烯样品瓶，4℃以下冷藏、密封保存。二氯乙酸和三氯乙酸可保存 2 d，氯酸盐和溴酸盐样品可保存 7 d，最小样品量为 250 mL。亚氯酸盐样品，使用聚乙烯样品瓶，每 250 mL 水样中加入 0.5 g 硫脲，酸性样品需调节 pH 至 7 左右，饮用水水源水质基本处于中性，可以不需要调节 pH，4℃以下冷藏、密封、避光保存，可保存 24 h。最小采样量为 250 mL，采集后可立即用锡纸包裹等方式避光。

3.5 高氯酸盐的理化性质及样品采集

高氯酸盐是高氯酸形成的盐类，能干扰甲状腺素的合成与分泌。含有四面体形的高氯酸根离子 ClO_4^-，其中氯的氧化态为+7，在高浓度的强酸下具有强氧化性，易溶于水，样品采集注意避免酸性和还原性物质引入。同时，也要避免厌氧环境，有一些厌氧细菌可以利用高氯酸盐作为电子受体进行呼吸代谢，把高氯酸盐还原成氯化物。

实验室选用《生活饮用水标准检验方法 第 5 部分：无机非金属指标》（GB/T 5750.5—2023）高氯酸盐离子色谱法、氢氧根系统淋洗液离子色谱法、碳酸盐系统淋洗液超高效液相色谱-串联质谱法，样品采集使用螺口高密度聚乙烯瓶或聚丙烯瓶，0～4℃冷藏、密封可保存 28 d。最小样品量为 100 mL，为减少储存过程中产生厌氧条件的可能性，不要满瓶采样，容器顶部至少留出 1/3 空隙。

3.6 挥发性有机物的理化性质及样品采集

VOCs 广泛存在于空气、水、土壤以及其他介质中，其主要成分为脂肪烃、芳香烃、卤代烃、醛类和酮类等化合物，具有熔点低、易分解和易挥发的特点，在室温条件下通常为无色液体，具有刺激性或特殊气味。

VOCs 的用途非常广泛，一些挥发性有机物来源于化学反应。氯气在进行饮用水消毒时，也可能产生多种挥发性有机卤化合物（THMs）。VOCs 在生产、销售、储存、处理和使用等过程中易释放到环境中，从而在地表水、地下水环境中常能检出此类化合物。VOCs 具有迁移性、持久性和毒性，是一类重要的环境污染物，对人体健康也有影响。

饮用水水源新增挥发性有机物项目包括三氯甲烷、一溴二氯甲烷、二溴一氯甲烷、三溴甲烷、环氧氯丙烷、六氯丁二烯。三氯甲烷的辛醇—水分配系数为 1.97；一溴二氯甲烷的辛醇—水分配系数为 2.14；二溴一氯甲烷的辛醇—水分配系数为 1.41。大部分不溶于水或难溶于水，易溶于有机溶剂。挥发性有机物沸点低、挥发性强、部分化合物结构不稳定，因此，采集挥发性有机物样品时流速不宜过快，避免曝气，避免引入氧化性物质，部分化合物对光敏感，需避光保存。

实验室选用《水质 挥发性有机物的测定 吹扫捕集/气相色谱-质谱法》（HJ 639—2012）、《生活饮用水标准检验方法 第 8 部分：有机物指标》

（GB 5750.8—2023），样品采集使用棕色玻璃瓶保存，具硅橡胶-聚四氟乙烯衬垫螺旋盖。当含有余氯时，每 40 mL 水样需加入 25 mg 的抗坏血酸。采样时，水样呈中性时向每个样品瓶中加入 0.5 mL HCl 溶液（1+1）；水样呈碱性时应加入适量 HCl 溶液（1+1）使样品 pH≤2，在 4℃及以下冷藏保存，应在 14 d 内完成分析。加入 HCl 溶液后当水样中产生大量气泡时，应弃去该样品，重新采集样品。重新采集的样品不应加 HCl 溶液，样品标签上应注明"未酸化"，该样品应在 24 h 内分析。最小样品量为 40 mL（建议 3 瓶），采样时不需用样品进行荡洗。样品均采集平行双样。采集样品时，应使水样在样品瓶中溢流而不留空间。取样时应尽量避免或减少样品在空气中暴露。

3.7 全氟己基磺酸、全氟辛酸和全氟辛基磺酸的理化性质及其盐类样品采集

全氟化合物（PFCs）对动物的毒性主要表现在肝脏毒性、发育毒性、免疫毒性、内分泌干扰及潜在的致癌性。全氟化合物烷基链极性较弱具有疏水性，而末端—COOH 或—SO₃H 官能团极性较强具有亲水性（疏油性），使得 PFCs 具有独特的表面活性，由于链越短疏油性越强、链越长疏水性越强，所以中长链（如全氟己基磺酸 PFHxS、全氟辛酸 PFOA、全氟壬酸 PFNA、全氟辛基磺酸 PFOS）兼具疏油、疏水能力，其中全氟己基磺酸的辛醇—水分配系数为 4.65、全氟辛酸的辛醇—水分配系数为 7.75、全氟辛基磺酸钾的辛醇—水分配系数为 5.58。根据湖北省生态环境监测中心实验研究，样品采集时宜选用塑料材质作为容器，但需测定长链（C_{10} 以上）时，分析前需要超声，不建议使用聚四氟乙烯（特氟龙 PTFE）材质。PP 瓶会吸附吸附长碳链 PFAS，加甲醇能避免吸附问题，但要注意某些 PP 瓶在加入甲醇后可能会析出干扰物。

实验室选用《水质　全氟辛基磺酸和全氟辛酸及其盐类的测定　同位素稀释/液相色谱-三重四极杆质谱法》（HJ 1333—2023），样品采集使用聚丙烯材质样品瓶或聚乙烯瓶，4℃以下冷藏、密封、避光可保存 14 d。最小样品量为 1 000 mL。根据湖北省生态环境监测中心实验研究，实际工作中发现，常温常压下硬质玻璃对 PFCs 没有明显吸附作用，但若使用玻璃器皿需要选择质厚且无表面缺陷的，以防运输过程中发生碎裂。

4　质量控制及质量管理

饮用水水源水质样品采集要严格按照相关标准执行质量控制及质量管理。

4.1　全程序空白样品

全程序空白样品是将实验用水代替实际样品，置于样品容器中并按照与实际样品一致的程序进行测定。一致的程序包括运至采样现场、暴露于现场环境、装入采样瓶中、保存、运输以及所有的分析步骤等。设置全程序空白样品的目的在于确认采样、保存、运输、前处理和分析全过程中是否存在污染和干扰。

采集的所有饮用水水源样品，要按照标准要求进行全程序空白样品采集。一般情况下，VOCs 项目、金属类项目、全氟类项目均需采集全程序空白样品。

4.2　现场平行样品

采集现场平行样时，在确保水样均匀的情况下，应同时等体积分装成 2 份，并分别加入保存剂，注意不要装完一份样品再装另一份样品。

采集的所有饮用水水源样品，要按照标准要求进行平行样品采集。通常每批次平行样数量应至少为 10%。

当现场平行样测定结果差异较大，或全程序空白样测定结果大于方法检出限时，应仔细检查原因，以消除现场平行样差异较大、空白值偏高的因素，必要时重新采样。

4.3　实验室内或实验室间分样

实验室内或实验室间分样须取用同一水样进行分装，分装前应摇匀水样，确保水样均匀后分装。水样分装应同时进行，禁止装完一瓶样品再装另一瓶样品。可选用多根虹吸管同时取样的分样方法。

4.4　样品标签和采样记录注意事项

4.4.1　样品标签要求

每一份样品都应附一张完整的水样标签。水样标签应事先设计打印。标签内容至少包括"项目唯一性编号""样品编号""监测项目""采样完成时间（精确到时）""是否加入保存剂""保存剂的种类""待检""检毕"等信息。

4.4.2 采样记录要求

采样记录应及时完整记录采样现场的情况。采样记录的内容至少包括"样品唯一性编码""采样点位""监测项目""保存条件""水体表观特征""天气状况"等信息，地下水需要填写"采样方法""采样深度""水位"等信息。

采样记录包括采样现场描述和现场测定项目记录两部分，采样人员应现场认真填写采样记录，字迹端正、清晰，各栏内容填写齐全。

4.5 人员

相关组织机构、监测人员、现场监测仪器与设备等按GB/T 27025、HJ 630、《检验检测机构资质认定生态环境监测机构评审补充要求》（国市监检测〔2018〕245号）等相关内容执行。采样人员必须通过岗前培训，考核合格后上岗，切实掌握采样技术，熟知采样器材的使用和样品固定、保存和运输条件等。

4.6 样品瓶及保存剂抽检

任务出发前对清洗干净的采样器材进行空白本底抽检，每个采样批次每种器具至少抽取 3%，检测结果应低于方法检出限或方法规定的限值。保存剂应进行空白试验，其纯度和等级须达到分析的要求。清洗后采样器材应分架存放，不得混用。

4.7 现场记录

样品采集和保存剂添加等操作过程需有执法记录仪记录，同时，在现场需完成包括但不限于瓶码编号、监测项目、保存方法、采样体积等相关采样信息的原始记录的填写。

4.8 其他要求

现场监测人员须考虑相应的安全预防措施，采样过程中采取必要的防护措施。监测人员应身体健康，适应工作要求，现场采样时至少两人同时在场。采样现场应放置警示牌，采样过程中配备必要的防护设备、急救用品。现场监测人员要特别注意安全，避免滑倒落水，河流、湖、库及自喷泉采样过程应全程穿戴救生衣，必要时需穿系安全绳。

　　采样过程中采样人员不应有影响采样质量的行为，如使用化妆品，在采样、样品分装及密封现场吸烟等。监测用车停放应尽量远离监测点，一般停放在监测点（井）下风向 50 m 以外。

参考文献

[1]　国家环境保护总局，《水和废水监测分析方法》编委会. 水和废水监测分析方法（第四版）. 北京：中国环境科学出版社.

[2]　中华人民共和国生态环境部（https://www.mee.gov.cn/）.

[3]　U.S. Environmental Protection Agency（https://www.epa.gov）.

[4]　易欣源，曲鑫璐，龙昕，等. 饮用水中典型消毒副产物的化学特性、生成转化及毒性研究进展[J]. 生态毒理学报，2023，18（2）.

[5]　张锋. 煤炭采样制样常见的问题及解决策略[J]. 工程学研究，2022，1（2）.

附表 8-1　　水样采集优化方案 1

序号	项目	保存剂	采样容器	推荐采样体积	保存要求	参考方法	备注
1	1,1-二氯乙烯、1,2-二氯苯、1,2-二氯乙烷、1,2-二氯乙烯、1,4-二氯苯、苯、苯乙烯、二氯甲烷、二氯一溴甲烷、环氧氯丙烷、甲苯、六氯丁二烯、氯乙烯、氯丁二烯、氯苯、三卤甲烷（三氯甲烷、一氯二溴甲烷、二氯一溴甲烷、三溴甲烷三种的总和）、三氯甲烷、三溴甲烷、三氯乙烯、四氯乙烯、四氯化碳、乙苯、一氯二溴甲烷、异丙苯、1,1,1-三氯乙烷、1,1,2-三氯乙烷、1,2-二氯丙烷、邻二氯苯、对二氯苯	当含有余氯时，每 40 mL 水样中需加入 25 mg 的抗坏血酸。向水样中加入 HCl 溶液（1+1），使样品 pH≤2。加入 HCl 溶液后，当水样产生大量气泡时，应弃去该样品，重新采集样品。重新采集的样品不应加入 HCl 溶液，样品标签上应注明"未酸化"，该样品应在 24 h 内完成分析	VOC 瓶，加聚四氟乙烯垫片盖密封保存	40 mL（建议 3 瓶）	4℃冷藏，14 d	《水质　挥发性有机物的测定　吹扫捕集/气相色谱-质谱法》（HJ 639—2012）	不能用水样预洗采样瓶，水样应充满样品瓶并加盖密封

序号	项目	保存剂	采样容器	推荐采样体积	保存要求	参考方法	备注
2	2,4,6-三氯苯酚（2,4,6-三氯酚）、2,4-二氯苯酚、五氯酚	加入 1+3 盐酸溶液，使 pH<2	具磨口塞的棕色 G 细口瓶	1 L	4℃避光保存，7 d	《水质 酚类化合物的测定 液液萃取气相色谱法》（HJ 676—2013），①该方法检出限低于《地表水环境质量标准》（GB 3838—2002）限值的 1/4，满足地表水监测要求。②2,4,6-三氯苯酚检出限高于《地下水质量标准》（GB 14848—2017）I 类限值；五氯酚检出限高于《地下水质量标准》（GB 14848—2017）II 类限值	不能用水样预洗采样瓶，水样应充满样品瓶并加盖密封
3	2,4,6-三硝基甲苯、2,4-二硝基甲苯、硝基氯苯、2,6-二硝基甲苯	①HJ 648 规定：按照 HJ/T 164、HJ/T 91.2 的相关规定进行水样的采集和保存，实际 HJ/T 164、HJ/T 91.2 无硝基苯类保存规定。②实际采样：未加保存剂	棕色具磨口塞 G	1 L	①HJ 648 规定：按照 HJ/T164、HJ/T 91.2 的相关规定进行水样的采集和保存。②实际保存：4℃避光保存，7 d	《水质 硝基苯类化合物的测定 液液萃取/固相萃取-气相色谱法》（HJ 648—2013）	
4	2,4-D、灭草松	250 mL 采样瓶中加入约 1.1 mL 的 HNO₃，使 pH<1。水样充满采样品瓶	G	250 mL	尽快测定，0~4℃冷藏、避光保存	《生活饮用水标准检验方法 第 9 部分：农药指标》（GB/T 5750.9—2023）灭草松（15.1）液液萃取气相色谱法	

序号	项目	保存剂	采样容器	推荐采样体积	保存要求	参考方法	备注
5	2,4-二硝基氯苯、二硝基苯、硝基苯	若水中有残余氯存在，要在每升水中加入80 g硫代硫酸钠除氯	1~4L棕色具聚四氟乙烯衬垫的螺口瓶G	1~4 L	4℃冷藏、避光保存，7 d内完成萃取，在40 d内完成分析	《水质 硝基苯类化合物的测定 气相色谱-质谱法》（HJ 716—2014）	不能用水样预洗采样瓶，水样应充满样品瓶并加盖密封
6	百菌清、溴氰菊酯	—	具磨口塞的棕色玻璃细口瓶，充满不留空气	3 L	4℃冷藏，7 d	《水质 百菌清和溴氰菊酯的测定 气相色谱法》（HJ 698—2014）	
7	钡、钒、镉、铍、硼、锑、镍、铜、锌、铝、钴、铅、铊、钛、锰、钠、铁	水样用0.45μm滤膜过滤，加入HNO₃含量达到1%	P	250 mL	14 d	《水质 65种元素的测定 电感耦合等离子体质谱法》（HJ 700—2014）《水质 32种元素的测定 电感耦合等离子体发射光谱法》（HJ 776—2015）	
8	滴滴涕、环氧七氯、γ-六六六（林丹）、六氯苯、七氯、三氯苯、四氯苯、六六六	1+1盐酸溶液，pH<2	具有玻璃塞的棕色磨口玻璃瓶或具有聚乙烯衬垫的螺口玻璃瓶	500 mL	4℃冷藏，7 d	《水质 氯苯类化合物和有机氯农药的测定 气相色谱法》（HJ 699—2014）	
9	敌敌畏、毒死蜱、对硫磷、甲基对硫磷、乐果、马拉硫磷、内吸磷、敌百虫	若水样pH不在5~8，用50%硫酸溶液或10 g/L NaOH溶液调节pH至5~8	棕色磨口玻璃瓶或具有聚乙烯衬垫的螺口棕色玻璃瓶	3 L	尽快测定，否则，4℃冷藏、避光保存3 d	《水质 28种有机磷农药的测定 气相色谱-质谱法》（HJ 1189—2021）	

序号	项目	保存剂	采样容器	推荐采样体积	保存要求	参考方法	备注
10	二氯乙酸、氯酸盐、三氯乙酸、溴酸盐、亚氯酸盐、氟化物、硫酸盐、氯化物、硝酸盐、总硬度、亚硝酸盐	—	P	2 L	4℃以下冷藏、密封保存。二氯乙酸和三氯乙酸 2 d; 氯酸盐和溴酸盐 7 d	《水质 氯酸盐、亚氯酸盐、溴酸盐、二氯乙酸和三氯乙酸的测定 离子色谱法》(HJ 1050—2019)	250 mL
					不需加固定剂。采集的样品应尽快分析。于 4℃以下冷藏、避光保存。氟化物 14 d; 硫酸物 30 d; 氯酸盐 30 d; 硝酸盐 7 d	《水质 无机阴离子 (F⁻、Cl⁻、NO₂⁻、Br⁻、NO₃⁻、PO₄³⁻、SO₃²⁻、SO₄²⁻) 的测定 离子色谱法》(HJ 84—2016)	250 mL, 若不能及时测定、应经抽气过滤装置 (配有孔径 ≤0.45 μm 醋酸纤维或聚乙烯滤膜) 过滤
					1 d	《水质 钙和镁总量的测定 EDTA 法》(GB 7477—1987)	采样后尽快用 0.45μm 孔径滤器过滤。500 mL; 应于 24 h 内完成测定。否则、每升水样中应加加 2 mL 浓硝酸作保存剂 (使 pH 降至 1.5 左右)
					4℃冷藏、避光保存、24 h	《水质 亚硝酸盐氮的测定 分光光度法》(GB/T 7493—1987)	P 或 G; 500 mL

序号	项目	保存剂	采样容器	推荐采样体积	保存要求	参考方法	备注
11	全氟己基磺酸及其盐类、全氟辛基磺酸及其盐类、全氟辛酸及其盐类	—	聚丙烯或聚乙烯材质，1 L	1 L	4℃以下冷藏、密封、避光保存，14 d	《水质 全氟辛基磺酸和全氟辛酸及其盐类的测定 同位素稀释液相色谱-三重四极杆质谱法》（HJ 1333—2023）	水样充满样品瓶，瓶中不可有气泡
12	汞、砷、硒	按每升水样中加入 5 mL 盐酸	P	500 mL	14 d	《水质 汞、砷、硒、铋和锑的测定 原子荧光法》（HJ 694—2014）	
13	碘化物	加入氢氧化钠饱和溶液调节 pH 约为 12，尽快分析	P 或棕色 G	500 mL	4℃冷藏、避光保存，24 h	《水质 碘化物的测定 离子色谱法》（HJ 778—2015）	
14	总 α 放射性、总 β 放射性	每升样品加入 20 mL 1+1 硝酸溶液	聚乙烯桶	≥12 L	尽快测定，样品保存期一般不得超过 2 个月	《水质 总 α 放射性的测定 厚源法》（HJ 898—2017）；《水质 总 β 放射性的测定 厚源法》（HJ 899—2017）	
15	土臭素、2-甲基异莰醇	—	棕色 G，具有用聚四氟乙烯薄膜包硅橡胶垫的螺旋盖	60 mL（建议 3 瓶）	①0～4℃冷藏，24 h。②根据江苏省苏州环境监测中心实验结果，每 40 mL 样品中加入 20 mg/L 硫酸铜溶液 8～10 滴，样品可保存 7 d	《生活饮用水标准检验方法 第 8 部分：有机物指标》（GB/T 5750.8—2023）土臭素（76.1）顶空固相微萃取气相色谱-质谱法	

序号	项目	保存剂	采样容器	推荐采样体积	保存要求	参考方法	备注
16	阿特拉津、莠去津、黄磷	—	棕色 G	1 L	4℃冷藏、避光保存，7 d内对样品进行萃取	《水质 阿特拉津的测定 液相色谱法》（HJ 587—2010）	500 mL，水样应充满样品瓶并加盖密封
					4℃冷藏、避光保存，7 d	《水质 黄磷的测定 气相色谱法》（HJ 701—2014）	500 mL，应将样品沿样品瓶壁缓慢流入，盖紧瓶盖并倒置检查瓶内是否存在气泡。若样品瓶中有气泡，应重新采集
17	苯胺	10 mol/L 氢氧化钠溶液，调节 pH 在 6~8，如水样中有余氯，每 1 000 mL 样品中加入 80 mg 硫代硫酸钠	带聚四氟乙烯内衬垫瓶盖的棕色玻璃瓶	1 L	4℃冷藏保存，样品必须在采集后 7 d 内萃取，萃取液在 40 d 内完成分析	《水质 苯胺类化合物的测定 气相色谱-质谱法》（HJ 822—2017）	
18	苯并[a]芘、萘、苯并[b]荧蒽、蒽、菲、荧蒽	若水中有残余余氯存在，要每升水中加入 80 mg 硫代硫酸除氯	具磨口塞的棕色玻璃细口瓶	2 L	采样瓶要完全注满，不留气泡。样品采集后应避光于4℃以下冷藏，在 7 d 内萃取，萃取后的样品应避光于4℃以下冷藏，在 40 d 内分析完毕	《水质 多环芳烃的测定 液液萃取和固相萃取高效液相色谱法》（HJ 478—2009）	

序号	项目	保存剂	采样容器	推荐采样体积	保存要求	参考方法	备注
19	吡啶	用(1+1)硫酸溶液或10 mol/L氢氧化钠溶液调节pH为6~8	40 mL 棕色螺口玻璃瓶,具硅橡胶—聚四氟乙烯衬垫螺旋盖	2×40 mL	应使样品在样品瓶中溢流且不留空气。取样时应尽量避免或减少样品在空气中暴露。所有样品均采集平行双样。如样品中有余氯,每1 000 mL样品中加入100 mg硫代硫酸钠	《水质 吡啶的测定 顶空/气相色谱法》(HJ 1072—2019)	
20	丙烯腈、丙烯醛	采样前,须加入0.3 g抗坏血酸于样品瓶中。采集水样时,应使水样在样品瓶中溢流而不留气泡,再加入数滴(1+9)磷酸溶液固定,使样品的pH为4~5,拧紧瓶盖。每份样品应采集平行双样,每批样品应至少带一个全程序空白	40 mL 棕色玻璃样品瓶,具硅橡胶—聚四氟乙烯衬垫螺旋盖	2×40 mL	4℃以下冷藏、避光保存,5 d	《水质 丙烯腈和丙烯醛的测定 吹扫捕集/气相色谱法》(HJ 806—2016)	

序号	项目	保存剂	采样容器	推荐采样体积	保存要求	参考方法	备注
	乙醛		硬质磨口塞 G	1 L	尽快分析	《生活生活饮用水标准检验方法 第 10 部分：消毒副产物指标》（GB/T 5750.10—2023）乙醛（12.1）气相色谱法	10 mL
21	苦味酸	—			4℃冷藏，1 d	《生活生活饮用水标准检验方法 第 8 部分：有机物指标》（GB/T 5750.8—2023）苦味酸（45.1）气相色谱法	30 mL
	阴离子表面活性剂				①4℃无固定剂，1 d；②加入 1%（V/V）的40%（V/V）甲醛溶液保存期为 4 d	《水质 阴离子表面活性剂的测定 亚甲蓝分光光度法》（GB 7494—1987）	250 mL
	丙烯酰胺		棕色带聚四氟乙烯衬垫的螺盖玻璃瓶或磨口瓶	500 mL	于 2～5℃下保存，7 d 内完成萃取，萃取液可保存 30 d	《水质 丙烯酰胺的测定 气相色谱法》（HJ 697—2014）	250 mL，磨口玻璃瓶或具特氟龙材质隔垫的棕色螺纹口玻璃瓶
22	草甘膦	若采集的样品 pH 不在 4～9，用（1+1）盐酸溶液或 0.1 mol/L 氢氧化钠溶液调节其 pH 为 4～9			4℃以下冷藏、避光保存，7 d 相色谱法	《水质 草甘膦的测定 高效液相色谱法》（HJ 1071—2019）	样品满瓶采集。

序号	项目	保存剂	采样容器	推荐采样体积	保存要求	参考方法	备注
23	丁基黄原酸	0.01 mol/L 盐酸或者氢氧化钠调节 pH 为中性	棕色 G	250 mL	4℃冷藏，3 d	《水质 丁基黄原酸的测定 紫外分光光度法》(HJ 756—2015)	
24	多氯联苯	—	棕色具磨口塞 G	2 L	4℃冷藏，7 d，水样充满玻璃瓶	《水质 多氯联苯的测定 气相色谱-质谱法》(HJ 715—2014)	采样瓶要完全注满不留气泡
25	呋喃丹（克百威）	(1+1) 硫酸或 0.4 mol/L 氢氧化钠调节 pH 为中性	棕色磨口 G	250 mL	4℃冷藏，避光，7 d	《水质 氨基甲酸酯类农药的测定 超高效液相色谱-三重四杆质谱法》(HJ 827—2017)	
26	涕灭威	—	聚四氟乙烯瓶	100 mL	4℃冷藏	《饮用水中 450 种农药及相关化学品残留量的测定 液相色谱-串联质谱法》(GB/T 23214—2008)	方法检出限：26.10 μg/L 不能满足地下水III类要求，需优化方法
27	挥发酚	采集后的样品应及时加磷酸酸化至 pH 约为 4.0，并加入适量硫酸铜，使样品中硫酸铜质量浓度约为 1 g/L	G	1 L	4℃冷藏，1 d	《水质 挥发酚的测定 4-氨基安替比林分光光度法》(HJ 503—2009)（方法 1 萃取分光光度法）	若有游离氯等氧化剂的存在，应及时加入过量硫酸亚铁去除

序号	项目	保存剂	采样容器	推荐采样体积	保存要求	参考方法	备注
28	甲基汞	采样后每升样品加入 4 mL 盐酸，加酸后的样品 pH 应为 1~2，否则应适当增加盐酸的加入量，然后加入 2 mL 饱和硫酸铜溶液，摇匀，避免存放在高汞浓度环境中或成放在与高汞浓度样品一起保存，3 d 内完成分析。如果只测定甲基汞，8 d 内完成分析	500 mL 或 1L 具螺口的高密度聚乙烯瓶、硼硅玻璃瓶或氟化聚乙烯瓶	500 mL 或 1L	用干净的聚乙烯袋密封采样瓶，置于 4℃ 以下避光、冷藏保存	《水质 烷基汞的测定 吹扫捕集-冷原子荧光光谱法》（HJ 977—2018）	
29	甲萘威	用磷酸调节 pH 为 3	磨口 G	250 mL	尽快分析	《生活饮用水标准检验方法 第 9 部分：农药指标》（GB/T 5750.9—2023）	
30	甲醛	每升样品中加入 1 mL 浓硫酸，使样品的 pH≤2	G 或 P	500 mL	1d	《水质 甲醛的测定 乙酰丙酮分光光度法》（HJ 601—2011）	采集时应使水样从瓶口溢出后盖上瓶塞塞紧

序号	项目	保存剂	采样容器	推荐采样体积	保存要求	参考方法	备注
31	联苯胺	每 500 mL 样品加入 40 mg 硫代硫酸钠。应使样品充满采样瓶，不留液上空间。如果样品的 pH 不在 6～9，用盐酸溶液或氢氧化钠溶液调节 pH 为 6～9	500 mL 具磨口塞的棕色细口玻璃瓶或带聚四氟乙烯衬垫的棕色螺纹口玻璃瓶	500 mL		《水质 联苯胺的测定 高效液相色谱法》（HJ 1017—2019）	采样瓶瓶口塞紧后用铝箔纸封口
32	邻苯二甲酸二 (2-乙基己基) 酯	—	具塞磨口 G 或具四氟乙烯衬垫螺旋瓶盖 G	250 mL	4℃冷藏、避光保存，5 d 内完成萃取	《水和废水监测分析方法》（第四版）国家环境保护总局（2002 年）邻苯二甲酸酯和己二酸酯气相色谱-质谱法	
33	邻苯二甲酸二丁酯	用盐酸或氢氧化钠将 pH 调至 7.0 左右	100 mL 带玻璃磨口塞的细口瓶	100 mL	4℃冷藏，7 d 内进行苯取，30 d 内完成分析	《水质 邻苯二甲酸二甲 (二丁、二辛) 酯的测定 液相色谱法》（HJ/T 72—2001）	
34	氰化物	立即加入氢氧化钠固定，一般每升水样中加入 0.5 g 固体氢氧化钠。当水样酸度高时，应多加固体氢氧化钠，使样品的 pH＞12	P	500 mL	4℃冷藏，1 d	《水质 氰化物的测定 容量法和分光光度法》（HJ 484—2009）（方法 2 异烟酸—吡唑啉酮分光光度法）	

序号	项目	保存剂	采样容器	推荐采样体积	保存要求	参考方法	备注
35	水合肼	在 1 L 水样中加入 91 mL 盐酸，使酸度为 1 mol/L	G	100 mL	4℃冷藏，10 d	《生活饮用水标准检验方法 第 8 部分：有机物指标》（GB/T 5750.8—2023）42.1 对二甲氨基苯甲醛分光光度法	
36	四乙基铅	每 10 mL 水中加入 200 μL 甲醇	40 mL 棕色螺口玻璃瓶	40 mL（建议 3 瓶）	24 h	《水质 四乙基铅的测定 顶空/气相色谱-质谱法》（HJ 959—2018）	
37	松节油	—	40 mL 棕色螺口 G，具硅橡胶-聚四氟乙烯村垫螺旋盖	40 mL（建议 3 瓶）	1～5℃冷藏，2 d	《水质 松节油的测定 吹扫捕集/气相色谱-质谱法》（HJ 866—2017）	将样品沿壁缓慢导入样品瓶，应尽量满瓶，直至满瓶，应尽量减少由于搅动引起的松节油溢出，并避免将空气气泡引入采样瓶。所有样品均采集平行双样
38	微囊藻毒素-LR	—	磨口 G 或具特氟龙材质隔垫的棕色螺纹口 G	5 L	4℃冷藏、避光保存，7 d	《生活生活饮用水标准检验方法 第 8 部分：有机物指标》（GB/T 5750.8—2023）微囊藻毒素-LR（16.1）高效液相色谱法	如果有平行 或加标样品，应该增加采样瓶数
39	五日生化需氧量	—	棕色 G	500 mL	4℃冷藏、避光保存，1 d	《水质 五日生化需氧量（BOD₅）的测定 稀释与接种法》（HJ 505—2009）	应充满并密封

序号	项目	保存剂	采样容器	推荐采样体积	保存要求	参考方法	备注
40	石油类	盐酸，pH≤2	棕色 G	500 mL	4℃冷藏、避光，3 d	《水质 石油类的测定 紫外分光光度法（试行）》（HJ 970—2018）	
41	总磷	—	G	500 mL	4℃冷藏，1 d	《水质 总磷的测定 钼酸铵分光光度法》（GB 11893—89）	
42	粪大肠菌群	—	无菌采样瓶或无菌采样袋	100 mL	采样后应在 2 h 内进行检测，否则，应在 10℃以下冷藏但不得超过 6 h。实验室接样后，不能立即开展检测的，将样品于 4℃以下冷藏并在 2 h 内进行检测	《水质 总大肠菌群、粪大肠菌群和大肠埃希氏菌的测定 酶底物法》（HJ 1001—2018）	不得用样品洗涤，采集样品于灭菌的采样瓶中
43	活性氯	现场：无固定剂；实验室：1% NaOH 调 pH＞12	棕色 G	500 mL	4℃冷藏、避光保存，5 d	《水质 游离氯和总氯的测定 N,N-二乙基-1,4-苯二胺分光光度法》（HJ 586—2010）	游离氯和总氯不稳定，样品应尽量现场测定。采集水样使其充满采样瓶，立即加盖塞紧密封，避免水样接触空气

序号	项目	保存剂	采样容器	推荐采样体积	保存要求	参考方法	备注
44	乙草胺	当含有余氯时，每升水样中加入约 100 mg 抗坏血酸以去除余氯	聚四氟乙烯内衬螺旋盖的棕色 G 或具塞磨口棕色 G	1 L	①保存 24 h；②保存 7 d，根据湖北省生态环境监测中心研究结果	《全国集中式饮用水水源水质专项调查作业指导书（2024—2026 年）》乙草胺 气相色谱质谱法（固相萃取法）；《生活饮用水标准检验方法 第 9 部分：农药指标》（GB/T 5750.9—2023）乙草胺 气相色谱-质谱法	水样充满样品瓶
45	高氯酸盐	—	螺口高密度 P 或聚丙烯瓶	100 mL	4℃冷藏，28 d	《全国集中式饮用水水源水质专项调查作业指导书（2024—2026 年）》离子色谱法（氢氧根体系）；《生活饮用水标准检验方法 第 5 部分：无机非金属指标》（GB/T 5750.5—2023）高氯酸盐（14.1）离子色谱法（氢氧根体系）	为减少储存过程中产生厌氧条件的可能性，不要满瓶采样，容器顶部至少留出 1/3 的空隙
46	三氯乙醛	如水中有余氯，加硫代硫酸钠	①GB 5750.10 规定：两个分装有 0.1 g 硫代硫酸钠的顶空瓶带到现场，充满水样并立即用包有铝箔（或聚四氟乙烯膜）的翻口胶塞封好；②实际采样：40 mL 棕色吹扫捕集瓶	40 mL（建议 2 瓶）	4℃冷藏，尽快分析	《生活饮用水标准检验方法 第 10 部分：消毒副产物指标》（GB/T 5750.10—2023）13.1 项 空气/气相色谱法	

序号	项目	保存剂	采样容器	推荐采样体积	保存要求	参考方法	备注
47	水温、溶解氧、pH、浊度	—	—		现场测定	《水质 水温的测定 温度计或颠倒温度计测定法》（GB 13195—1991）；《水质 水温的测定 传感器法》（HJ 1396—2024）；《水质 溶解氧的测定 电化学探头法》（HJ 506—2009） 《水质 浊度的测定 浊度计法》（HJ 1075—2019） 《水质 pH 值的测定 电极法》（HJ 1147—2020）	500 mL 具塞玻璃瓶或聚乙烯瓶；样品应尽量现场测定。否则，应在 4℃以下冷藏保存，不超过 48 h 现场测定；或采集样品于聚乙烯瓶中，样品充满容器立即密封，2 h 内完成测定
48	氨氮、总氮、化学需氧量、高锰酸盐指数、耗氧量	H_2SO_4, pH≤2	硬质 G	1 L	4℃冷藏，氨氮、总氮可保存 7 d；化学需氧量可保存 5 d；高锰酸盐指数、耗氧量可保存 2 d	《水质 化学需氧量的测定 重铬酸盐法》（GB/T 11914—1989）；《水质 氨氮的测定 纳氏试剂分光光度法》（HJ 535—2009）；《水质 总氮的测定 碱性过硫酸钾消解紫外分光光度法》（HJ 636—2012）；《水质 高锰酸盐指数的测定》（GB 11892—1989）	

序号	项目	保存剂	采样容器	推荐采样体积	保存要求	参考方法	备注
49	色、肉眼可见物	—	G	500 mL	12 h	《生活饮用水标准检验方法　第4部分：感官性状和物理指标》（GB/T 5750.4—2023）；《地下水环境监测技术规范》（HJ 164—2020代替 HJ/T 164—2004）	
50	嗅和味	—	棕色 G	500 mL	4℃冷藏，24 h	《生活生活饮用水标准检验方法 第 4 部分：感官性状和物理指标》（GB/T 5750.4—2023）嗅气和尝味法；《地下水环境监测技术规范》（HJ 164—2020代替 HJ/T 164—2004）	使水样在取样瓶完全态满且没有气泡；《地下水环境监测技术规范》（HJ 164—2020代替 HJ/T 164—2004）要求 6 h
51	菌落总数		灭菌瓶或灭菌袋	250 mL	4℃冷藏，2 h	《水质 细菌总数的测定 平皿计数法》（HJ 1000—2018）	采样量一般为采样瓶容量的 80%左右；样品采集完毕后，迅速扎上无菌包装纸
52	总大肠菌群		灭菌瓶或灭菌袋	500 mL	0～4℃冷藏，避光保存，8 h	《生活饮用水标准检验方法 第12 部分：微生物指标》（GB/T 5750.12—2006）多管发酵法	

附表 8-2

水样采集优化方案 2

序号	项目	保存剂	采样容器	采样体积	保存要求	参考方法	备注
1	水温、溶解氧、pH、浊度				现场测定	《水质 水温的测定 温度计或颠倒温度计测定法》（GB 13195—1991） 《水质 水温的测定 传感器法》（HJ 1396—2024）（2025年7月1日起实施） 《水质 pH 值的测定 电极法》（HJ 1147—2020） 《水质 溶解氧的测定 电化学探头法》（HJ 506—2009） 《水质 浊度的测定 浊度计法》（HJ 1075—2019）	
2	总硬度		G 或 P	2 L	尽快测定或加 HNO₃，pH<2，30 d	《水质 钙和镁总量的测定 EDTA 法》（GB 7477—1987）《地下水环境监测技术规范》（HJ 164—2020 代替 HJ/T 164—2004）	采样后尽快用 0.45μm 孔径滤膜器过滤
	色、浑浊度、肉眼可见物				12 h	《生活饮用水标准检验方法 第 4 部分：感官性状和物理指标》（GB/T 5750.4—2023）	
	嗅和味				6 h	《地下水环境监测技术规范》（HJ 164—2004）	
	溶解性总固体				24 h		
3	氨氮、总氮、化学需氧量、高锰酸盐指数、耗氧量	H₂SO₄，pH≤2	硬质 G	1 L	4℃冷藏，氨氮、总氮可保存 7 d；化学需氧量可保存 5 d；高锰酸盐指数、耗氧量可保存 2 d	《水质 化学需氧量的测定 重铬酸盐法》（GB/T 11914—1989） 《水质 氨氮的测定 纳氏试剂分光光度法》（HJ 535—2009） 《水质 总氮的测定 碱性过 H₂SO₄ 钾消解紫外分光光度法》（HJ 636—2012） 《水质 高锰酸盐指数的测定》（GB 11892—1989）	

序号	项目	保存剂	采样容器	采样体积	保存要求	参考方法	备注
4	总磷		硬质 G	500 mL	24 h	《水质 总磷的测定 钼酸铵分光光度法》（GB 11893—1989）	注意浊度影响
5	铜、锌、锰、铁、硼、铍、钒、铊、铝、镉、钼、镍、钡、钛、锑、银	水样用 0.45μm 滤膜过滤，500 mL 水样中加入 5 mL 浓 HNO₃	P	500 mL	14 d	《生活饮用水标准检验方法 第 6 部分：金属和类金属指标》（GB/T 5750.6—2023）《水质 65 种元素的测定 电感耦合等离子体质谱法》（HJ 700—2014）《水质 32 种元素的测定 电感耦合等离子体发射光谱法》（HJ 776—2015）	
6	钠	经抽气过滤装置过滤	P	250 mL	4℃以下冷藏，避光保存入 7 d	《水质 可溶性阴离子（Li⁺、Na⁺、NH₄⁺、K⁺、Ca²⁺、Mg²⁺）的测定 离子色谱法》（HJ 812—2016）	
7	硒、砷、汞	500 mL 水样中加入 2.5 mL HCl	P	500 mL	14 d	《水质 汞、砷、硒、铋和锑的测定 原子荧光法》（HJ 694—2014）《水质 65 种元素的测定 电感耦合等离子体质谱法》（HJ 700—2014）《水质 总汞的测定 冷原子吸收分光光度法》（HJ 597—2011）	
8	阴离子表面活性剂		P	500 mL	24 h	《水质 阴离子表面活性剂的测定 亚甲蓝分光光度法》（GB 7494—1987）	
9	六价铬	加入 NaOH 调节 pH 至 8 左右	P	250 mL	14 d	《水质 六价铬的测定 二苯碳酰二肼分光光度法》（GB/T 7467—1987）	
10	氰化物	加入 NaOH 调节至 pH>12	P	500 mL	4℃冷藏，24 h	《水质 氰化物的测定 容量法和分光光度法》（HJ 484—2009）	

序号	项目	保存剂	采样容器	采样体积	保存要求	参考方法	备注
11	石油类	加入 HCl 调至 pH≤2	硬质 G	500 mL	0～4℃冷藏，3 d	《水质 石油类的测定 紫外分光光度法（试行）》（HJ 970—2018）	
12	挥发酚	加入磷酸调至 pH 至 4，再加入适量硫酸铜	硬质 G	500 mL	0～5℃冷藏，24 h	《水质 挥发酚的测定 4-氨基安替比林分光光度法》（HJ 503—2009）方法 1 萃取分光光度法	
13	硫化物	每升水样中加入 2 mL 乙酸锌溶液、1 mL 氢氧化钠溶液和 2 mL 抗氧化剂溶液	棕色 G，实心塞	250 mL	4 d	《水质 硫化物的测定 亚甲基蓝分光光度法》（HJ 1226—2021）	
14	粪大肠菌群		已灭菌的磨口塞棕色广口瓶或灭菌袋	400 mL	2 h 内检测（10℃以下冷藏不得超过 6 h）	《水质 粪大肠菌群的测定 多管发酵法》（HJ 347.2—2018 部分代替 HJ/T 347—2007）	
15	总大肠菌群		灭菌瓶或灭菌袋	500 mL	0～4℃冷藏，避光保存 8 h	《生活饮用水标准检验方法 第 12 部分：微生物指标》（GB/T 5750.12—2006）多管发酵法	
16	菌落总数		灭菌瓶或灭菌袋	500 mL	0～4℃冷藏，避光保存，8h	《生活饮用水标准检验方法 第 12 部分：微生物指标》（GB/T 5750.12—2006）平皿计数法	

序号	项目	保存剂	采样容器	采样体积	保存要求	参考方法	备注
17	亚硝酸盐	每升样品中加入 40 mg 氯化汞	G 或 P		采集后尽快分析，不要超过 24 h；若需短期保存（1～2 d），于需加保存剂，于 2～5℃冷藏	《水质 亚硝酸盐氮的测定 分光光度法》（GB 7493—1987）	
18	碘化物	加入氢氧化钠饱和溶液调节 pH 约为 12	棕色 G 或 P		尽快分析；或 0～4℃冷藏，避光保存，24 h 内完成测定	《水质 碘化物的测定 离子色谱法》（HJ 778—2015）	
19	氟化物、硫酸盐、氯化物、硝酸盐、高氯酸盐、氯酸盐、溴酸盐、二氯乙酸、三氯乙酸		硬质 G 或 P	500 mL	常温，硝酸盐 24 h；硝酸盐和硫酸盐 30 d；氯化物 30 d	《水质 无机阴离子的测定 离子色谱法》（HJ/T 84—2001）《生活饮用水标准检验方法 第 5 部分：无机非金属指标》（GB/T 5750.5—2023）《水质 氯酸盐、亚氯酸盐、溴酸盐、二氯乙酸和三氯乙酸的测定 离子色谱法》（HJ 1050—2019）	不要满瓶采样，容器顶部至少留出 1/3 的空隙
20	五日生化需氧量		棕色 G，实心塞	1 L	24 h	《水质 五日生化需氧量（BOD_5）的测定 稀释与接种法》（HJ 505—2009）	
21	氯乙烯、乙醛、丙烯醛、丙烯腈、吡啶、松节油		棕色 G	1 L	尽快分析	《生活饮用水标准检验方法 第 8 部分：有机物指标》（GB/T 5750.8—2023）《生活饮用水标准检验方法 第 10 部分：消毒副产物指标》（GB/T 5750.10—2023）	

序号	项目	保存剂	采样容器	采样体积	保存要求	参考方法	备注
22	三氯甲烷、一溴二氯甲烷、二溴一氯甲烷、三溴甲烷、环氧氯丙烷、六氯丁二烯、二氯甲烷、1,2-二氯乙烷、1,1-二氯乙烯、1,2-二氯乙烯、三氯乙烯、四氯乙烯、氯丁二烯、1,1,1-三氯乙烷、1,1,2-三氯乙烷、1,2-二氯丙烷	当含有余氯时，每40 mL水样中需加入25 mg的抗坏血酸。向水样中加入HCl溶液(1+1)，使样品pH≤2。加入HCl溶液后，当水样中产生大量气泡时，应弃去该样品，重新采集样品的样品标签上应注明"未酸化"，该样品应在24 h内完成分析	VOC瓶，加聚四氟乙烯垫片盖密封保存	40 mL(建议3瓶)	4℃冷藏，14 d	《水质 挥发性有机物的测定 吹扫捕集/气相色谱-质谱法》(HJ 639—2012)	

序号	项目	保存剂	采样容器	采样体积	保存要求	参考方法	备注
23	亚氯酸盐	每 250 mL 水样中加入 0.5 g 硫脲，酸性样品需调节 pH 至 7 左右	P	250 mL	24 h，4℃以下冷藏、密封、避光保存	《水质　氯酸盐、亚氯酸盐、溴酸盐、二氯乙酸和三氯乙酸的测定　离子色谱法》（HJ 1050—2019）	采集后可立即用锡纸包裹等方式避光
24	苯、甲苯、乙苯、二甲苯、异丙苯、苯乙烯	加入适量 HCl 溶液，并加入 25 mg 抗坏血酸，使 pH≤2。若加入 HCl 溶液后，样品中有气泡产生，须重新采样，重新采样不加的样品须加 HCl 溶液，样品标签上须注明"未酸化"。采集样品时，应使样品在样品瓶中溢满或尽量减少样品在空气中暴露。取样时应尽量避免或减少样品瓶上空间气中暴露。所有样品均采集平行双样	40 mL 棕色螺口 G，具硅橡胶-聚四氟乙烯衬垫至螺旋盖	40 mL	4℃冷藏，14 d	《水质　苯系物的测定　顶空/气相色谱法》（HJ 1067—2019）	

序号	项目	保存剂	采样容器	采样体积	保存要求	参考方法	备注
25	丙烯酰胺		棕色硬质细口 G	4 L	0~4℃冷藏，避光保存，48 h	《生活饮用水标准检验方法 第8部分：有机物指标》（GB/T 5750.8—2023）	100 mL
	苦味酸					《生活饮用水标准检验方法 第8部分：有机物指标》（GB/T 5750.8—2023）	10 mL
	水合肼				24 h	《水质 肼和甲基肼的测定对二甲氨基苯甲醛分光光度法》（HJ 674—2013）	10 mL
	四乙基铅					《生活饮用水标准检验方法 第6部分：金属和类金属指标》（GB/T 5750.6—2023）	800 mL
	六六六、滴滴涕				4℃冷藏，7 d	《水质 六六六、滴滴涕的测定 气相色谱法》（GB/T 7492—1987）	1 L
	林丹						
	环氧七氯					《生活饮用水标准检验方法 第8部分：有机物指标》（GB/T 5750.8—2023）	100 mL
	七氯				4℃冷藏，7 d 内萃取	《生活饮用水标准检验方法 第9部分：农药指标》（GB/T 5750.9—2023）	100 mL
	莠去津				0~4℃冷藏，7 d	《生活饮用水标准检验方法 第9部分：农药指标》（GB/T 5750.9—2023）	100 mL
26	对硫磷、甲基对硫磷、马拉硫磷、乐果、敌敌畏、敌百虫、内吸磷、毒死蜱			2 L	尽快测定，或 4℃冷藏，避光保存 3 d	《水质 28种有机磷农药的测定 气相色谱质谱法》（HJ 1189—2021）	

序号	项目	保存剂	采样容器	采样体积	保存要求	参考方法	备注
27	克百威	采样瓶要完全注满不留气泡	磨口棕色 G	2 L	4℃以下冷藏、避光保存，7 d	《水质 氨基甲酸酯类农药的测定 超高效相色谱-三重四极杆质谱法》（HJ 827—2017）	参考 EPA 方法
	涕灭威					EPA 538.DETERMINATION OF SELECTED ORGANIC CONTAMINANTSIN DRINKING WATER BY DIRECT AOUEOUS INJECTION—LIOUID CHROMATOGRAPHY/TANDEM MASS SPECTROMETRY（DAI—LC/MS/MS）	
28	百菌清 溴氰菊酯	充满不留空气	棕色硬质细口 G	4 L	4℃避光保存，7 d	《水质 百菌清及拟除虫菊酯类农药的测定 气相色谱-质谱法》（HJ 753—2015）	1 000 mL
	黄磷					《水质 黄磷的测定 气相色谱法》（HJ 701—2014）	500 mL
	阿特拉津					《水质 阿特拉津的测定 气相色谱法》（HJ 754—2015）	500 mL
	多氯联苯					《水质 多氯联苯的测定 气相色谱-质谱法》（HJ 715—2014）	1 000 mL
	苯胺 联苯胺					《水质 17 种苯胺类化合物的测定 液相色谱-三重四极杆质谱法》（HJ 1048—2019）	100 mL
29	苯并[a]芘、萘、蒽、荧蒽、苯并[b]荧蒽			4 L	4℃冷藏，7 d	《水质 多环芳烃的测定 液液萃取和固相萃取高效液相色谱法》（HJ 478—2009）	

序号	项目	保存剂	采样容器	采样体积	保存要求	参考方法	备注
30	邻苯二甲酸二丁酯、邻苯二甲酸二(2-乙基己基)酯	加入氢氧化钠或 HCl 调节 pH 为 5~7，采样瓶瓶口塞紧后用铝箔纸封口	具塞磨口棕色 G	1 L	4℃冷藏，避光保存，5 d 内完成萃取	《水质 6 种邻苯二甲酸酯类化合物的测定 液相色谱-三重四极杆质谱法》(HJ 1242—2022)《水和废水监测分析方法》(第四版)	水样充满样品瓶
	草甘膦				4℃以下冷藏，避光保存，7 d	《水质 草甘膦的测定 高效液相色谱法》(HJ 1071—2019)《生活饮用水标准检验方法 第 9 部分: 农药指标》(GB/T 5750.9—2023)	
31	丁基黄原酸	HCl 或 NaOH 调节 pH 至中性	棕色 G	250 mL	4℃冷藏，3 d	《水质 丁基黄原酸的测定 紫外分光光度法》(HJ 756—2015)	
32	甲萘威	加入磷酸调节 pH 为 3	磨口 G	250 mL	尽快分析	《生活饮用水标准检验方法 第 9 部分: 农药指标》(GB/T 5750.9—2023)	
33	灭草松 2,4-D 呋喃丹	加入 HCl 溶液酸化，使 pH≤2；当含有余氯时，每升水样中添加 0.1 g 抗坏血酸	棕色 G	1 L	0~4℃冷藏，密封，避光保存，7 d	《生活饮用水标准检验方法 第 9 部分: 农药指标》(GB/T 5750.9—2023)	当含有悬浮物、沉淀、藻类及其他微生物时，用配有玻璃纤维滤膜的砂芯漏斗或溶剂过滤器过滤样品

序号	项目	保存剂	采样容器	采样体积	保存要求	参考方法	备注
34	乙草胺	当含有余氯时，每升水样中加入约100 mg抗坏血酸，以去除余氯	聚四氟乙烯内衬盖的棕色G或具旋盖的棕色G或具磨口标塞棕口标色G	1 L	①保存24 h；②根据保存7 d，根据湖北省生态环境监测中心研究结果	《生活饮用水标准检验方法 第9部分：农药指标》（GB/T 5750.9—2023）	
35	微囊藻毒素-LR		磨口G或具特氟龙材质衬垫的棕色螺纹口G	5 L		《生活饮用水标准检验方法 第8部分：有机物指标》（GB/T 5750.8—2023）	若有平行或加标样品，应适当增加采样瓶数
36	三氯乙醛	如水中有余氯，加入硫代硫酸钠	2个装有0.1 g硫代硫酸钠的棕色顶空瓶，充满水样	50 mL	4℃冷藏，尽快分析	《生活饮用水标准检验方法 第10部分：消毒副产物指标》（GB/T 5750.10—2023）	采样后立即用包有铝箔（或裹四氟乙烯膜）的封口胶塞塞密封
	甲醛		棕色G，充满不留空气，采样时应使水样从瓶口溢出后盖上瓶塞塞紧	4 L	24 h	《水质 甲醛的测定 乙酰丙酮分光光度法》（HJ 601—2011）	100 mL
37	氯苯 1,2-二氯苯 1,4-二氯苯 三氯苯 四氯苯 六氯苯	1 mL浓H_2SO_4/L水样，使pH<2				《水质 氯苯类化合物的测定 气相色谱法》（HJ 621—2011）	1 L

序号	项目	保存剂	采样容器	采样体积	保存要求	参考方法	备注
37	硝基苯 2,4-二硝基甲苯 2,4,6-三硝基甲苯 二硝基氯苯 硝基氯苯 2,4-二硝基氯苯 2,6-二硝基甲苯				24 h（无保存剂）或7 d内萃取（加入保存剂）	《水质 硝基苯类化合物的测定 气相色谱法》（HJ 592—2010）	1 L
	2,4-二氯苯酚 2,4,6-三氯苯酚 五氯酚				4℃冷藏、避光冷保存，7 d	《水质 酚类化合物的测定 气相色谱-质谱法》（HJ 744—2015）	500 mL
38	甲基汞	1 g/L 硫酸铜	P	≥10 L	4℃	《水质 烷基汞的测定 气相色谱法》（GB/T 14204—1993）	
39	活性氯	现场：无固定剂；实验室：1% NaOH 调 pH>12	棕色 G，采满，加盖密封	250 mL	最好现场测定；实验室 4℃冷藏，避光保存，5 d 内完成分析	《水质 游离氯和总氯的测定 N,N-二乙基-1,4-苯二胺分光光度法》（HJ 586—2010）	

序号	项目	保存剂	采样容器	采样体积	保存要求	参考方法	备注
40	土臭素、2-甲基异莰醇	水样充满样品瓶，瓶中不可有气泡	棕色 G，具有用聚四氟乙烯薄膜包衬硅橡胶垫的螺旋盖	60 mL（建议 3 瓶）	①0~4℃冷藏，24 h；②根据江苏省苏州环境监测中心实验结果，每 40 mL 样品中加入 20 mg/L 硫酸铜溶液 8~10 滴，样品可保存 7 d	《生活饮用水标准检验方法 第 8 部分：有机物指标》（GB/T 5750.8—2023）	
41	总 α 放射性 总 β 放射性		P	≥12 L	尽快测定，样品保存期一般不得超过 2 个月	《水质 总 α 放射性的测定 厚源法》（HJ 898—2017）；《水质 总 β 放射性的测定 厚源法》（HJ 899—2017）	如果要测量溶清的样品，可通过过滤或静置使悬浮物下沉后取上清液
42	全氟己基磺酸、全氟辛酸和全氟辛基磺酸及其盐类		聚丙烯样品瓶或 P	1 L	4℃以下冷藏，密封，避光保存，14 d	《水质 全氟辛基磺酸和全氟辛酸及其盐类的测定 同位素稀释/液相色谱-三重四极杆质谱法》（HJ 1333—2023）	

注：（1）G 为硬质玻璃瓶；P 为聚乙烯（桶）。

（2）Ⅰ、Ⅱ、Ⅲ表示 3 种洗涤方法，如下：

Ⅰ——无磷洗涤剂洗 1 次，自来水洗 3 次，蒸馏水洗 1 次，阴干或吹干；

Ⅱ——无磷洗涤剂洗 1 次，自来水洗 3 次，甲醇清洗 1 次，阴干或吹干；

Ⅲ——无磷洗涤剂洗 1 次，自来水洗 2 次，1+3 HNO₃，荡洗 1 次，自来水洗 3 次，去离子水洗 1 次，阴干或吹干。

（3）保存方式相同的项目，可根据实际情况合并到同一采样瓶中。

附表 8-3

水样采集优化方案 3

序号	项目	保存剂	采样容器	推荐采样体积	保存要求	参考方法
1	水温、溶解氧、pH、浊度	—	—	—	现场测定	《水质 水温的测定 温度计或颠倒温度计测定法》（GB 13195—1991） 《水质 水温的测定 传感器法》（HJ 1396—2024）（2025 年 7 月 1 日起实施） 《水质 pH 值的测定 电极法》（HJ 1147—2020） 《水质 溶解氧的测定 电化学探头法》（HJ 506—2009） 《水质 浊度的测定 浊度计法》（HJ 1075—2019）
2	总硬度	采样后尽快用 0.45μm 孔径过滤器过滤，每升水样中加入 2 mL 浓硝酸，调节 pH 至 1.5 左右，尽快分析	G 或 P	500 mL	尽快分析	《水质 钙和镁总量的测定 EDTA 法》（GB 7477—1987）
3	溶解性总固体	—	P 或 G	250 mL	24 h	《生活饮用水标准检验方法 第 4 部分：感官性状和物理指标》（GB/T 5750.4—2023）未对样品保存做规定，保存按照《地下水环境监测技术规范》（HJ 164—2020）执行

序号	项目	保存剂	采样容器	推荐采样体积	保存要求	参考方法
4	氨氮、总氮、化学需氧量、高锰酸盐指数、耗氧量	H₂SO₄，pH≤2	棕色硬质 G	1 L	4℃冷藏	《水质　化学需氧量的测定　铬酸盐法》（HJ 828—2017）《水质　氨氮的测定　连续流动-水杨酸分光光度法》（HJ 665—2013）《水质　氨氮的测定　纳氏试剂分光光度法》（HJ 535—2009）《水质　总氮的测定　碱性过硫酸钾消解紫外分光光度法》（HJ 636—2012）《水质　总氮的测定　气相分子吸收光谱法》（HJ 199—2023）《水质　高锰酸盐指数的测定》（GB 11892—1989）
5	总磷		棕色硬质 G	500 mL	24 h	《水质　总磷的测定　钼酸铵分光光度法》（GB 11893—1989）
6	铜、锌、镉、铝、铁、锰、钼、钴、铍、硼、镍、钛、钒、铊、铝、镝、银	水样用 0.45μm 滤膜过滤，加硝酸调至 pH≤2	P	500 mL	14 d	《水质　65 种元素的测定　电感耦合等离子体质谱法》（HJ 700—2014）
7	钠	加硝酸调至 pH≤2	P	500 mL	14 d	《水质　32 种元素的测定　电感耦合等离子体发射光谱法》（HJ 776—2015）
8	砷、汞、硒	500 mL 水样中加入 2.5 mL HCl	P	500 mL	14 d	《水质　汞、砷、硒、铋和锑的测定　原子荧光法》（HJ 694—2014）

序号	项目	保存剂	采样容器	推荐采样体积	保存要求	参考方法
9	阴离子表面活性剂	样品中加入甲醛，使甲醛体积浓度为 1%	P	500 mL	0～5℃冷藏，7 d	《水质 阴离子表面活性剂的测定 流动注射-亚甲基蓝分光光度法》（HJ 826—2017）
10	六价铬	加 NaOH 调节 pH 至 8 左右	硬质 G	500 mL	24 h	《水质 六价铬的测定 二苯碳酰二肼分光光度法》（GB/T 7467—1987）
11	氰化物	每升水样中加入 0.5 gNaOH 固体	P	500 mL	4℃冷藏保存，24 h 内分析完毕	《水质 氰化物的测定 流动注射-分光光度法》（HJ 823—2017）
12	石油类	加入 HCl 调节 pH≤2	硬质 G	500 mL	0～4℃冷藏，3 d	《水质 石油类的测定 紫外分光光度法（试行）》（HJ 970—2018）
13	挥发酚（挥发性酚）	用浓 H₃PO₄ 调节 pH 约为 4，加入适量硫酸铜，使样品中硫酸铜的质量浓度约为 1 g/L；0～5℃冷藏保存	硬质 G	500 mL	4℃冷藏、避光保存，24h 内分析完毕	《水质 挥发酚的测定 4-氨基安替比林分光光度法》（HJ 503—2009）方法 1 苯萃取分光光度法
14	硫化物	向采样瓶中加 0.5 mL 乙酸锌溶液后加样品近满瓶，用氢氧化钠溶液调节 pH 为 10～12，最后加入 0.5 mL 抗氧化剂溶液，迅速加盖，不留液上空间	棕色 G，实心塞	200 mL	避光保存，4 d	《水质 硫化物的测定 气相分子吸收光谱法》（HJ 200—2023）
15	粪大肠菌群		已灭菌的磨口玻塞棕色广口瓶或灭菌袋	400 mL	2 h 内进行检测（10℃以下冷藏不得超过 6 h）	《水质 粪大肠菌群的测定 多管发酵法》（HJ 347.2—2018部分代替 HJ 347—2007）

序号	项目	保存剂	采样容器	推荐采样体积	保存要求	参考方法
16	氟化物、硫酸盐、氯化物、硝酸盐、亚硝酸盐、溴酸盐、氯酸盐、二氯乙酸、三氯乙酸	—	硬质 G 或 P	500 mL	常温，硝酸盐 24 h；硫酸盐和氯化物 30 d；氯酸盐、溴酸盐 7 d；二氯乙酸、三氯乙酸 2 d	《水质 无机阴离子的测定 离子色谱法》（HJ/T 84—2001）《水质 氯酸盐、亚氯酸盐、溴酸盐、二氯乙酸和三氯乙酸的测定 离子色谱法》（HJ 1050—2019）
17	高氯酸盐	—	螺口高密度聚乙烯或聚丙烯	100 mL	0~4℃冷藏，28 d	《生活饮用水标准检验方法 第 5 部分：无机非金属指标》（GB/T 5750.5—2023）14.3 超高效液相色谱串联质谱法（该方法适用范围仅限于生活饮用水，不包括水源水。目前尚无其他标准分析方法适用于水源水分析）
18	五日生化需氧量	—	棕色 G，实心塞	1 L	0~5℃冷藏，24 h	《水质 五日生化需氧量（BOD_5）的测定 稀释与接种法》（HJ 505—2009）
19	乙醛、丙烯醛、丙烯腈	—	磨口玻璃瓶	1 L	4℃冷藏，尽快分析	丙烯腈：《生活饮用水标准检验方法 第 8 部分：有机物指标》（GB/T 5750.8—2023）17.1 气相色谱法 乙醛、丙烯醛：《生活饮用水标准检验方法 第 10 部分：消毒副产物指标》（GB/T 5750.10—2023）12.1 气相色谱法

序号	项目	保存剂	采样容器	推荐采样体积	保存要求	参考方法
19	吡啶	采样前，测定样品 pH，根据测定结果，用硫酸溶液或氢氧化钠溶液调节 pH 为 6～8。采集样品时，应使样品再采样瓶中溢流且不留液上空间。所有采样瓶均采集平行双样，如样品中有余氯，每 1 000 mL 样品中加入 100 mg 硫代硫酸钠	40 mL 棕色螺口 G，具硅橡胶-聚四氟乙烯衬垫螺旋盖	40 mL（建议 3 瓶）	4℃冷藏，3 d	《水质 吡啶的测定 顶空/气相色谱法》（HJ 1072—2019）
20	松节油	将样品沿壁缓慢导入样品瓶，直至满瓶，应尽量减少由于搅动引起溢出的松节油溢出，并避免将空气气泡引入采样瓶。所有采样品均采集平行双样	40 mL 棕色螺口 G，具硅橡胶-聚四氟乙烯衬垫螺旋盖	40 mL（建议 3 瓶）	1～5℃冷藏，2 d	《水质 松节油的测定 吹扫捕集 气相色谱-质谱法》（HJ 866—2017）

序号	项目	保存剂	采样容器	推荐采样体积	保存要求	参考方法
21	氯乙烯、三溴甲烷、环氧氯丙烷、六氯丁二烯、三氯甲烷、1,2-二氯乙烷、1,1-二氯乙烯、1,2-二氯乙烯、三氯乙烯、四氯乙烯、氯丁二烯、三卤甲烷（三氯甲烷、一溴二氯甲烷、一氯二溴甲烷、二溴一氯甲烷）、氯苯、1,2-二氯苯（邻二氯苯）、1,4-二氯苯（对二氯苯）、苯、甲苯、乙苯、二甲苯、异丙苯、苯乙烯	当有余氯时，每 40 mL 水样中需加入 25 mg 的抗坏血酸。水样加入 HCl 溶液（1+1）至 pH≤2。加入 HCl 溶液后当水样中产生大量气泡时，应弃去该样品，重新采集样品。重新采集的样品不应加 HCl 溶液，样品标签上应注明"未酸化"，该样品应在 24 h 内完成分析	VOC 瓶，加聚四氟乙烯垫片盖密封保存	40 mL（建议 3 瓶）	4℃冷藏，14 d	《水质 挥发性有机物的测定 吹扫捕集/气相色谱-质谱法》（HJ 639—2012）

序号	项目	保存剂	采样容器	推荐采样体积	保存要求	参考方法
22	亚氯酸盐	每 250 mL 水样中加入 0.5 g 硫脲。酸性样品需调节 pH 至 7 左右，饮用水水源地水质基本处于中性，可以不需要调节 pH	P	250 mL	4℃以下冷藏、密封、避光保存，24 h	《水质 氯酸盐、亚氯酸盐、溴酸盐、二氯乙酸盐和三氯乙酸的测定 离子色谱法》（HJ 1050—2019）
23	丙烯酰胺	一	磨口玻璃瓶或具特氟龙衬垫隔垫的棕色螺纹口玻璃瓶	500 mL	2~5℃冷藏，7 d	《水质 丙烯酰胺的测定 气相色谱法》（HJ 697—2014）
24	苦味酸	若采集后样品 pH 不在 7~9，用氨水或甲酸调节 pH 为 7~9	250 mL 磨口具基棕色玻璃瓶	100 mL	4℃冷藏，7 d	《水质 4 种硝基酚类化合物的测定 液相色谱-三重四杆质谱法》（HJ 1049—2019）
25	水合肼	在 1L 水样中加入 91 mL 盐酸（ρ_{20}=1.19 g/mL），使酸度为 1 mol/L	玻璃瓶	100 mL	4℃冷藏，10 d	《生活饮用水标准检验方法 第 8 部分：有机物指标》（GB/T 5750.8—2023）42.1 对二甲氨基苯甲醛分光光度法
26	四乙基铅	每 10 mL 水样中加入 200 μL 甲醇	40 mL 棕色螺口玻璃瓶	40 mL（建议 3 瓶）	24 h	《水质 四乙基铅的测定 顶空/气相色谱-质谱法》（HJ 959—2018）

序号	项目	保存剂	采样容器	推荐采样体积	保存要求	参考方法
27	六六六、滴滴涕、林丹（γ-六六六）、环氧七氯、七氯	1+1 盐酸溶液	具有玻璃塞的棕色磨口玻璃瓶或具有聚四氟乙烯衬垫的螺口玻璃瓶	500 mL	4℃冷藏，7 d	《水质 氯苯类化合物和有机氯农药的测定 气相色谱-质谱法》（HJ 699—2014）
28	对硫磷、甲基对硫磷、马拉硫磷、乐果、敌敌畏、内吸磷、毒死蜱	若水样 pH 不在 5~8，用 50%硫酸溶液或 10 g/L NaOH 溶液调节 pH 为 5~8	棕色磨口玻璃瓶或具有聚四氟乙烯衬垫的螺口棕色玻璃瓶	3 L	尽快测定，或 4℃冷藏、避光保存、3 d	《水质 28 种有机磷农药的测定 气相色谱-质谱法》（HJ 1189—2021）
29	百菌清、溴氰菊酯	—	具磨口塞的棕色玻璃细口瓶，充满不留空气	3 L	4℃冷藏，7 d	《水质 百菌清和溴氰菊酯的测定 气相色谱法》（HJ 698—2014）
30	黄磷	—	500 mL 棕色玻璃瓶	500 mL	4℃冷藏、避光保存、7 d	《水质 黄磷的测定 气相色谱法》（HJ 701—2014）
31	阿特拉津（莠去津）	—	棕色玻璃瓶	500 mL	4℃冷藏，7 d	《水质 阿特拉津的测定 液相色谱法》（HJ 587—2010）

序号	项目	保存剂	采样容器	推荐采样体积	保存要求	参考方法
32	多氯联苯	—	1 L、2 L 或 10 L 具磨口塞玻璃瓶	3 L	4℃冷藏，避光保存，7 d	《水质 多氯联苯的测定 气相色谱-质谱法》（HJ 715—2014）
33	苯胺、联苯胺	每 500 mL 样品中加入 40 mg 硫代硫酸钠，用甲酸或氨水调节水样 pH 为 7～8	磨口或带聚四氟乙烯内衬垫瓶盖的棕色玻璃瓶	500 mL	苯胺：4℃，7 d；联苯胺：4℃，5 d	《水质 17 种苯胺类化合物的测定 液相色谱-三重四极杆质谱法》（HJ 1048—2019）
34	苯并[a]芘、萘、蒽、荧蒽、苯并[b]荧蒽	—	棕色磨口玻璃瓶	3 L	4℃冷藏，7 d	《水质 多环芳烃的测定 液液萃取和固相萃取高效液相色谱法》（HJ 478—2009）
35	邻苯二甲酸二丁酯、邻苯二甲酸二（2-乙基己基）酯	加入氢氧化钠或 HCl 调节水样 pH 为 5～7，采样瓶口塞紧后用铝箔纸封口	具塞磨口棕色 G	1 L	4℃冷藏，避光保存，5 d 内完成苯取	《水质 6 种邻苯二甲酸酯类化合物的测定 液相色谱-三重四极杆质谱法》（HJ 1242—2022）
36	草甘膦	—	具塞磨口棕色 G	100 mL	4℃以下冷藏、避光保存，7 d	《水质 草甘膦的测定 高效液相色谱法》（HJ 1071—2019）

序号	项目	保存剂	采样容器	推荐采样体积	保存要求	参考方法
37	丁基黄原酸	加入氢水溶液或甲酸溶液调节样品 pH 为 9~10	40 mL 棕色玻璃瓶,螺旋盖具聚四氟乙烯添层的密封垫	100 mL	4°C冷藏,48 h	《水质 丁基黄原酸的测定 液相色谱-三重四极杆串联质谱法》(HJ 1002—2018)
38	甲萘威	加入硫酸或 NaOH 调节 pH 至中性	棕色磨口玻璃瓶	250 mL	4°C冷藏,7 d	《水质 氨基甲酸酯类农药的测定 超高效液相色谱-三重四极杆质谱法》(HJ 827—2017)
39	灭草松	加入 HCl 溶液酸化,使 pH≤2;当含有余氯时,每升水样添加 0.1 g 抗坏血酸	棕色 G	2 L	0~4°C冷藏,避光保存,7 d	《生活饮用水标准检验方法 第 9 部分:农药指标》(GB/T 5750.9—2023)13.4 液相色谱串联质谱法
40	2,4-D	—	具塞磨口棕色 G	500 mL	0~4°C冷藏,避光保存,3 d	《水质 苯氧羧酸类除草剂的测定 液相色谱串联质谱法》(HJ 770—2015)
41	呋喃丹(克百威)	加入硫酸或 NaOH 调节 pH 至中性	棕色磨口玻璃瓶	250 mL	4°C冷藏,7 d	《水质 氨基甲酸酯类农药的测定 超高效液相色谱-三重四极杆质谱法》(HJ 827—2017)
42	涕灭威	—	磨口棕色 G	100 mL	4°C以下冷藏,避光保存,7 d	超高效液相色谱-三重四极杆质谱法实验室作业指导书
43	乙草胺	当含有余氯时,每升水样中加入约 100 mg 抗坏血酸,以去除余氯	聚四氟乙烯内衬旋盖的棕色 G 或具塞磨口棕色 G	2 L	24 h	《生活饮用水标准检验方法 第 9 部分:农药指标》(GB/T 5750.9—2023)41.1 气相色谱质谱法

序号	项目	保存剂	采样容器	推荐采样体积	保存要求	参考方法
44	微囊藻毒素-LR	—	磨口G或具特氟龙材质隔垫的棕色螺纹口G	5 L×3	—	《生活饮用水标准检验方法 第8部分：有机物指标》(GB/T 5750.8—2023) 16.1 高效液相色谱法
45	三氯乙醛	如水中有余氯，加入硫代硫酸钠	①GB 5750.10规定：将有个装有0.1 g硫代硫酸钠的顶空瓶带到现场，充满水样，并立即用包有铝箔（或聚四氟乙烯膜）的翻口胶塞封好；②实际采样：40 mL棕色吹扫捕集瓶	40 mL（建议2瓶）	4℃冷藏，尽快分析	《生活饮用水标准检验方法 第10部分：消毒副产物指标》(GB/T 5750.10—2023) 13.1 顶空气相色谱法

序号	项目	保存剂	采样容器	推荐采样体积	保存要求	参考方法
46	甲醛	1 mL 浓 H_2SO_4/L 样品，使 pH<2	棕色 G，充满不留空气，采集气，采样时应使水样从瓶口溢出，上瓶塞塞紧	100 mL	24 h	《水质 甲醛的测定 乙酰丙酮分光光度法》（HJ 601—2011）
47	三氯苯、四氯苯、六氯苯	如当天不能分析，采样时每升水样中加入 1.0 mL 浓硫酸	棕色 G，样品充满采样瓶	3 L	2～5℃冷藏，7 d	《水质 氯苯类化合物的测定 气相色谱法》（HJ 621—2011）
48	硝基苯、2,4-二硝基甲苯、2,6-二硝基甲苯、2,4,6-三硝基甲苯、二硝基甲苯、硝基氯苯、2,4-二硝基氯苯	①HJ 648 规定：按照 HJ/T 164、HJ/T 91.2 的相关规定进行水样的采集和保存，实际 HJ/T 164、HJ/T 91.2 无硝基苯类保存规定；②实际采样：未加保存剂	棕色具磨口塞玻璃瓶	1 L	①HJ 648 规定：按照 HJ/T164、HJ/T 91.2 的相关水样的采集和保存；②实际保存:4℃冷藏、避光保存，7 d	《水质 硝基苯类化合物的测定 液液萃取/固相萃取-气相色谱法》（HJ 648—2013）

序号	项目	保存剂	采样容器	推荐采样体积	保存要求	参考方法
49	2,4-二氯苯酚、2,4,6-三氯苯酚	1 mL 浓 H₂SO₄/L 样品，使 pH<2		1 L	4℃冷藏、避光保存，7 d	《水质 酚类化合物的测定 气相色谱-质谱法》（HJ 744—2015）该方法检出限低于《地表水环境质量标准》（GB 3838—2002）限值的 1/4，满足地表水监测要求。2,4-二氯苯酚和五氯苯酚 2 个目标物检出限高于《地下水水质质量标准》（GB 14848—2017）Ⅰ 类限值
	（2,4,6-三氯苯酚）、五氯酚	加入 1+3 盐酸溶液，使 pH<2	1L 具磨口塞的棕色玻璃瓶、充满不留空气	1.5 L	4℃冷藏、避光保存，7 d	《水质 酚类化合物的测定 气相色谱法》（HJ 676—2013）该方法检出限低于《地表水环境质量标准》（GB 3838—2002）限值的 1/4，满足地表水监测要求。2,4,6-三氯酚检出限高于《地下水质质量标准》（GB 14848—2017）Ⅰ 类限值；五氯酚检出限高于《地下水质质量标准》（GB 14848—2017）Ⅱ 类限值
50	甲基汞	加入 HCl 调节 pH 为 1～2	具螺口的高密度聚乙烯瓶、棕瓶、硼硅玻璃瓶或氟化聚乙烯瓶	500 mL 或 1 L	4℃冷藏、避光保存	《水质 烷基汞的测定 吹扫捕集/气相色谱-冷原子荧光光谱法》（HJ 977—2018）
51	活性氯	现场：无固定剂；实验室：预先加入 1% 采样体积的 NaOH，调至 pH>12	棕色 G，采满，加盖密封	250 mL	最好现场测定；实验室 4℃冷藏、避光保存，5 d 内完成分析	《水质 游离氯和总氯的测定 N,N-二乙基-1,4-苯二胺分光光度法》（HJ 586—2010）

序号	项目	保存剂	采样容器	推荐采样体积	保存要求	参考方法
52	土臭素、2-甲基异莰醇	—	棕色 G，具有用聚四氟乙烯薄膜包硅橡胶垫的螺旋盖	60 mL（建议 3 瓶）	0～4℃冷藏、避光保存，24 h	《生活饮用水标准检验方法 第 8 部分：有机物指标》（GB/T 5750.8—2023）76.1 顶空固相微萃取/气相-色谱质谱法
53	总 α 放射性	每升样品中加入 20 mL 1+1 硝酸溶液	聚乙烯桶	≥12 L	尽快测定，样品保存期一般不得超过 2 个月	《水质 总 α 放射性的测定 厚源法》（HJ 898—2017）
	总 β 放射性					《水质 总 β 放射性的测定 厚源法》（HJ 899—2017）
54	全氟己基磺酸、全氟辛酸和全氟辛基磺酸及其盐类	—	聚丙烯样品瓶或 P	1 L	4℃以下冷藏、密封、避光保存，14 d	《水质 全氟辛基磺酸和全氟辛酸及其盐类的测定 同位素稀释液相色谱-三重四极杆质谱法》（HJ 1333—2023）
55	碘化物	加入氢氧化钠饱和溶液调节 pH 约为 12	棕色 G 或 P	100 mL	尽快分析，或 0～4℃冷藏、避光保存，24 h 内完成测定	《水质 碘化物的测定 离子色谱法》（HJ 778—2015）
56	总大肠菌群	—	灭菌瓶或灭菌袋	500 mL	0～4℃冷藏、避光保存，8 h	《生活饮用水标准检验方法 第 12 部分：微生物指标》（GB/T 5750.12—2006）多管发酵法

序号	项目	保存剂	采样容器	推荐采样体积	保存要求	参考方法
57	菌落总数	—	灭菌瓶或灭菌袋	500 mL	0~4℃冷藏、避光保存，8 h	《生活饮用水标准检验方法 第 12 部分：微生物指标》（GB/T 5750.12—2023）平皿计数法
58	色、浑浊度、肉眼可见物	—	G、P	500 mL	12 h	《生活饮用水标准检验方法 第 4 部分：感官性状和物理指标》（GB/T 5750.4—2023）未对样品保存做规定，样品保存按照《地下水环境监测技术规范》（HJ 164—2020 代替 HJ/T 164—2004）执行
59	嗅和味	—	G	200 mL	6 h	《生活饮用水标准检验方法 第 4 部分：感官性状和物理指标》（GB/T 5750.4—2023）未对样品保存做规定，样品保存按照《地下水环境监测技术规范》（HJ 164—2020 代替 HJ/T 164—2004）执行